目　次

ページ

まえがき

この規格は，一般社団法人電気学会（以下“電気学会”とする。）懸垂がいしおよび耐塩用懸垂がいし標準特別委員会において2016年4月に改正作業に着手し，慎重審議の結果，2017年1月に成案を得て，2017年5月25日に電気規格調査会規格委員総会の承認を経て制定した，電気学会 電気規格調査会標準規格である。これによって，**JEC-5201**-2005は改正され，この規格に置き換えられた。

この規格は，電気学会の著作物であり，著作権法の保護対象である。

この規格の一部が，知的財産権に関する法令に抵触する可能性があることに注意を喚起する。電気学会は，このような知的財産権に関する法令に関わる確認について，責任をもつものではない。

この規格と関係法令に矛盾がある場合には，関係法令の遵守が優先される。

懸垂がいし

Disc type suspension insulators

序文

この規格は，懸垂がいしに関する用語，形状及び寸法，材料，性能，検査などを規定した電気学会 電気規格調査会標準規格である。前回（2005年）改正から10年以上が経過し，規定内容と実態との間に不整合が生じていることから，実態を反映して不整合を解消するとともに，規格票の様式：2016に従って全体構成を見直し改正した。

本規格に対応する **IEC** 規格は以下である。

IEC 60120：1984 Dimensions of ball and socket couplings of string insulator units

IEC 60305：1995 Insulators for overhead lines with a nominal voltage above 1000 V - Ceramic or glass insulator units for a.c. systems - Characteristics of insulator units of the cap and pin type

IEC 60372：1984 Locking devices for ball and socket couplings of string insulator units: Dimensions and tests, Amendment 1:1991, Amendment 2:2003

IEC 60471：1977 Dimensions of clevis and tongue couplings of string insulator units, Amendment 1:1980

1　適用範囲

この規格は，交流架空電線路並びに発電所，変電所及び開閉所の電路に使用する懸垂がいしに適用する。

2　引用規格

次に掲げる規格は，この規格に引用されることによって，この規格の規定の一部を構成する。これらの引用規格は，記載の年の版を適用し，その後の改正版（追補を含む。）は適用しない。

JIS C 3801-1：1999　がいし試験方法－第1部：架空線路用がいし

JIS C 3802：1964　電気用磁器類の外観検査

JIS G 3101：2017　一般構造用圧延鋼材

JIS G 3507-1：2010　冷間圧造用炭素鋼－第1部：線材

JIS G 3507-2：2005　冷間圧造用炭素鋼－第2部：線

JIS G 4309：2013　ステンレス鋼線

JIS G 5502：2007　球状黒鉛鋳鉄品

JIS G 5705：2000　可鍛鋳鉄品

JIS H 2107：2015　亜鉛地金

JIS H 3260：2012　銅及び銅合金の線

JIS R 2521：1995　耐火物用アルミナセメントの物理試験方法

JIS R 2522：1995　耐火物用アルミナセメントの化学分析方法

JIS R 5210：2009　ポルトランドセメント

JIS Z 9004：1983　計量規準型一回抜取検査（標準偏差未知で上限又は下限規格値だけ規定した場合）

JIS Z 9015-0：1999　計数値検査に対する抜取検査手順－第0部：**JIS Z 9015** 抜取検査システム序論

JIS Z 9015-1：2006　計数値検査に対する抜取検査手順－第 1 部：ロットごとの検査に対する AQL 指標型抜取検査方式

3　用語及び定義

この規格で用いる主な用語及び定義は，電気学会 電気専門用語集 No.12（1975 年）「がいしおよびブッシング」によるほか，次による。

3.1

亜鉛スリーブ付懸垂がいし

がいし金具（ピン）の漏れ電流流出部に亜鉛スリーブ（陽極性犠牲電極）を設け，電食発生部分をがいし金具から亜鉛スリーブへ肩代わりさせ，がいし金具（ピン）本体の電食を防止したがいし。

4　種類及び記号

懸垂がいしの種類及び記号は，磁器部の直径，連結部形状，懸垂がいしと耐塩用懸垂がいしの別，課電破壊荷重及び亜鉛スリーブ（**解説 5.1 b**）参照）の有無によって区分し，**表 1** 及び**表 2** による。

注記　懸垂がいしの記号は，種類，形状，強度を表すものとして次のとおり定める。亜鉛スリーブ付懸垂がいしは，末尾に「Z」をつけて表す。

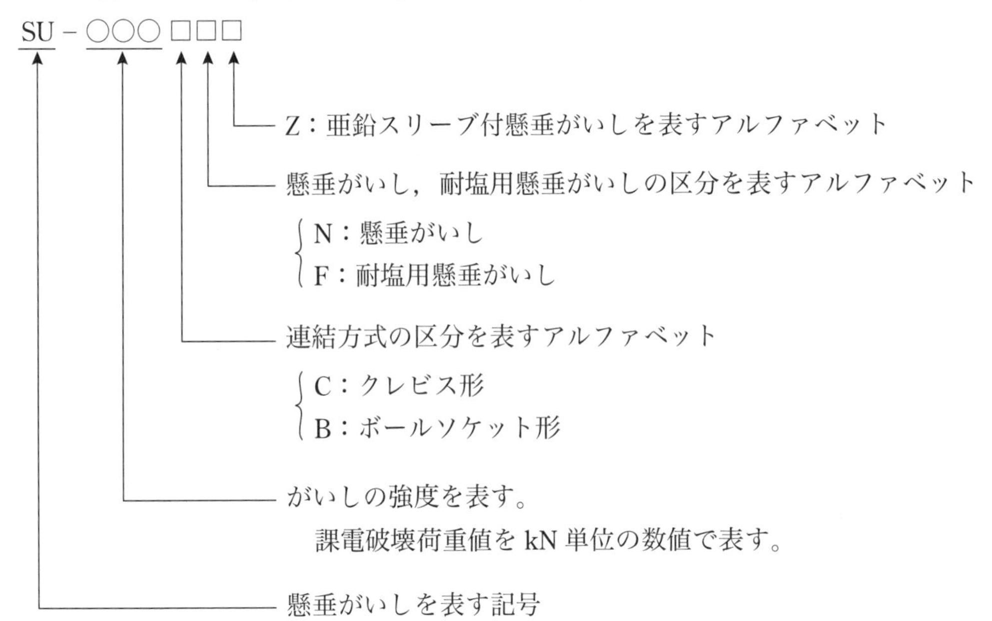

表 1 －懸垂がいしの種類，記号

種類	課電破壊荷重 kN	記号
250 mm クレビス形懸垂がいし	120	SU-120CN
250 mm ボールソケット形懸垂がいし	165	SU-165BN
280 mm ボールソケット形懸垂がいし	210	SU-210BN
320 mm ボールソケット形懸垂がいし	330	SU-330BN
340 mm ボールソケット形懸垂がいし	420	SU-420BN
380 mm ボールソケット形懸垂がいし	530	SU-530BN
250 mm ボールソケット形耐塩用懸垂がいし	120	SU-120BF
250 mm ボールソケット形耐塩用懸垂がいし	165	SU-165BF
320 mm ボールソケット形耐塩用懸垂がいし	210	SU-210BF
400 mm ボールソケット形耐塩用懸垂がいし	330	SU-330BF
420 mm ボールソケット形耐塩用懸垂がいし	420	SU-420BF
注記　上記中，混同のおそれのないときは「ボールソケット形」の字句を省略することができる。 **例**　320 mm ボールソケット形懸垂がいし　→　320 mm 懸垂がいし		

表 2 －亜鉛スリーブ付懸垂がいしの種類，記号

種類	課電破壊荷重 kN	記号
250 mm 亜鉛スリーブ付クレビス形懸垂がいし	120	SU-120CNZ
250 mm 亜鉛スリーブ付ボールソケット形懸垂がいし	165	SU-165BNZ
280 mm 亜鉛スリーブ付ボールソケット形懸垂がいし	210	SU-210BNZ
320 mm 亜鉛スリーブ付ボールソケット形懸垂がいし	330	SU-330BNZ
340 mm 亜鉛スリーブ付ボールソケット形懸垂がいし	420	SU-420BNZ
380 mm 亜鉛スリーブ付ボールソケット形懸垂がいし	530	SU-530BNZ
250 mm 亜鉛スリーブ付ボールソケット形耐塩用懸垂がいし	120	SU-120BFZ
250 mm 亜鉛スリーブ付ボールソケット形耐塩用懸垂がいし	165	SU-165BFZ
320 mm 亜鉛スリーブ付ボールソケット形耐塩用懸垂がいし	210	SU-210BFZ
400 mm 亜鉛スリーブ付ボールソケット形耐塩用懸垂がいし	330	SU-330BFZ
420 mm 亜鉛スリーブ付ボールソケット形耐塩用懸垂がいし	420	SU-420BFZ
注記　上記中，混同のおそれのないときは「ボールソケット形」の字句を省略することができる。 **例**　320 mm 亜鉛スリーブ付ボールソケット形懸垂がいし　→　320 mm 亜鉛スリーブ付懸垂がいし		

5　材料及び組立

5.1　材料

懸垂がいしには，**表 3** の材料又はこれと同等以上の材料[1)] を用い，キャップ，ピン及びコッタには，全面一様に溶融亜鉛めっきを施さなければならない。

注 [1)]　同等以上の材料とは，単に材料個々の特性を比較するものではなく，製品として「**7　性能**」に示す性能を満足するものとし，使用実態も考慮して購入者と製造業者の協議，合意により適用する。

表 3 －懸垂がいしに用いる材料

<table>
<tr><th colspan="2">名称</th><th>材料</th></tr>
<tr><td colspan="2">磁器</td><td>露出部は，全面一様にうわぐすりを施したアルミナ含有磁器　色の指定がないときはライトグレーとする</td></tr>
<tr><td rowspan="2">キャップ</td><td>250 mm クレビス形懸垂がいし
250 mm ボールソケット形懸垂がいし
250 mm ボールソケット形耐塩用懸垂がいし
280 mm ボールソケット形懸垂がいし
320 mm ボールソケット形耐塩用懸垂がいし
320 mm ボールソケット形懸垂がいし
400 mm ボールソケット形耐塩用懸垂がいし</td><td>JIS G 5705（可鍛鋳鉄品）に規定する FCMB31-08, JIS G 5502（球状黒鉛鋳鉄品）に規定する FCD400-15 又は FCD450-10</td></tr>
<tr><td>340 mm ボールソケット形懸垂がいし
380 mm ボールソケット形懸垂がいし
420 mm ボールソケット形耐塩用懸垂がいし</td><td>JIS G 5502 に規定する FCD500-7</td></tr>
<tr><td rowspan="4">ピン</td><td>250 mm クレビス形懸垂がいし</td><td>JIS G 3101（一般構造用圧延鋼材）に規定する SS400</td></tr>
<tr><td>250 mm ボールソケット形耐塩用懸垂がいし 120 kN</td><td>JIS G 3101 に規定する SS490 又は引張強さ 705.6 N/mm^2 以上，伸び 17 %以上を有する高張力鋼</td></tr>
<tr><td>250 mm ボールソケット形懸垂がいし
250 mm ボールソケット形耐塩用懸垂がいし 165 kN
280 mm ボールソケット形懸垂がいし
320 mm ボールソケット形耐塩用懸垂がいし
340 mm ボールソケット形懸垂がいし
380 mm ボールソケット形懸垂がいし
420 mm ボールソケット形耐塩用懸垂がいし</td><td>引張強さ 705.6 N/mm^2 以上，伸び 17 %以上を有する高張力鋼</td></tr>
<tr><td>320 mm ボールソケット形懸垂がいし
400 mm ボールソケット形耐塩用懸垂がいし</td><td>引張強さ 725.2 N/mm^2 以上，伸び 17 %以上を有する高張力鋼</td></tr>
<tr><td>コッタ</td><td>250 mm クレビス形懸垂がいし</td><td>JIS G 3101 に規定する SS490，JIS G 3507-1（冷間圧造用炭素鋼－第 1 部：線材）に規定する SWRCH25K 又は JIS G 3507-2（冷間圧造用炭素鋼－第 2 部：線）に規定する SWCH25K</td></tr>
<tr><td rowspan="2">割りピン</td><td>250 mm クレビス形懸垂がいし</td><td>JIS H 3260（銅及び銅合金の線）に規定する C2600W 又は C2700W</td></tr>
<tr><td>250 mm ボールソケット形懸垂がいし
250 mm ボールソケット形耐塩用懸垂がいし
280 mm ボールソケット形懸垂がいし
320 mm ボールソケット形耐塩用懸垂がいし
320 mm ボールソケット形懸垂がいし
340 mm ボールソケット形懸垂がいし
380 mm ボールソケット形懸垂がいし
400 mm ボールソケット形耐塩用懸垂がいし
420 mm ボールソケット形耐塩用懸垂がいし</td><td>JIS G 4309（ステンレス鋼線）に規定する SUS304</td></tr>
<tr><td colspan="2">セメント</td><td>JIS R 5210（ポルトランドセメント）に規定するポルトランドセメント又は JIS R 2521（耐火物用アルミナセメントの物理試験方法）及び JIS R 2522（耐火物用アルミナセメントの化学分析方法）に規定する試験により次の品質を満足するアルミナセメント
<table>
<tr><td rowspan="3">化学成分 %</td><td>酸化アルミニウム</td><td>50 以上</td></tr>
<tr><td>酸化カルシウム</td><td>40 以下</td></tr>
<tr><td>酸化第二鉄</td><td>2.5 以下</td></tr>
<tr><td rowspan="2">粉末度</td><td>比表面積 cm^2/g</td><td>2 500 以上</td></tr>
<tr><td>試験用ふるい 90 mm 残分%</td><td>5 以下</td></tr>
<tr><td rowspan="2">凝結 h</td><td>始発時間</td><td>1 以上</td></tr>
<tr><td>終結時間</td><td>10 以内</td></tr>
<tr><td colspan="2">安定性</td><td>膨張性ひび割れ又は反りができてはならない</td></tr>
<tr><td rowspan="2">強さ MPa</td><td>曲げ強さ（1 日）</td><td>4.90 以上</td></tr>
<tr><td>圧縮強さ（1 日）</td><td>44.1 以上</td></tr>
</table></td></tr>
<tr><td colspan="2">亜鉛スリーブ</td><td>JIS H 2107（亜鉛地金）に規定する普通亜鉛地金，特殊亜鉛地金又は最純亜鉛地金</td></tr>
</table>

5.2 組立

懸垂がいしは，**図 1**～**図 11** 及び次により組み立てたものとする。

5.2.1 クレビス形懸垂がいし

磁器と金具との中心線を合わせ，かつ，クレビスとピンの孔及びがいしの表示の位置が同方向になるように組み立てなければならない。

5.2.2 ボールソケット形懸垂がいし

磁器と金具との中心線を合わせ，がいしの表示の位置と割りピン孔の位置とが同じ側で，それらの中心が，ほぼ一直線上にくるように組み立てなければならない。

6 形状及び寸法

懸垂がいしの形状及び寸法は，**図 1**～**図 13** による。なお，ボールソケット形懸垂がいしのキャップのソケット部及びピンのボール部は，**図 14**～**図 28** に示すゲージに適合する形状，寸法のものとする。

7　性能

懸垂がいしの性能は，「**8　試験**」により試験を行ったとき，**表 4** を満足しなければならない。

表 4 －懸垂がいしの性能

試験の項目	性能
(1)　外観	磁器部の外観は，**JIS C 3802**（電気用磁器類の外観検査）の B 類の欠点別許容限度を超えないこと。 磁器部以外の部分の外観は，仕上げ良好で使用上有害な割れ，きず，かえり，さびなどの欠点がないものとする。
(2)　構造	**図 1** ～**図 13** に示す構造及び寸法であること。
(3)　表面漏れ距離	**図 1** ～**図 11** に示す値であること。
(4)　商用周波注水耐電圧	**図 1** ～**図 11** に示す電圧で破壊放電を生じないこと。
(5)　雷インパルス耐電圧	**図 1** ～**図 11** に示す電圧で破壊放電を生じないこと。
(6)　商用周波油中破壊電圧	**図 1** ～**図 11** に示す電圧で貫通しないこと。
(7)　課電破壊荷重	**図 1** ～**図 11** に示す荷重で破壊しないこと。
(8)　冷熱	温度差 90 K 以上，冷水温度 0 ～ 10 ℃，浸し時間はそれぞれ 15 分間，浸し回数は各 3 回で，がいしの各部に異常を認めないこと。
(9)　吸湿	磁器内部に液がしみ込まないこと。
(10)　亜鉛めっき	付着量 500 g/m^2 以上 **注記**　膜厚測定値から付着量を求めるためには，次の式がある。 $A = 7.2 \times t$ ここに，A：亜鉛付着量（g/m^2） 7.2：めっき層の密度（g/cm^3） t：膜厚（μm） **例**　付着量 500 g/m^2 に相当する膜厚：69.4 μm
(11)　商用周波電圧	**図 1** ～**図 11** に示す電圧を加えたとき，がいしの各部に異常を認めないこと。
(12)　高周波電圧	がいしの各部に異常を認めないこと。
(13)　引張耐荷重	**図 1** ～**図 11** に示す荷重を加えたとき，がいしの各部に異常を認めないこと。
(14)　打撃耐荷重	打撃によって笠割れ又は亀裂を生じないこと。（リブ欠けは許容する）
(15)　亜鉛スリーブ	引張耐荷重値を 1 分間加えたとき，亜鉛スリーブに亀裂又は亜鉛スリーブとピン本体に隙間を生じないこと。

8　試験

本規格に定める試験の項目及び方法は，**表 5** による。

表 5 －試験の項目及び方法

試験の項目	試験の方法
(1)　外観	**JIS C 3801-1**（がいし試験方法－第 1 部：架空線路用がいし）の **6.** による。
(2)　構造	**JIS C 3801-1** の **5.** による。
(3)　表面漏れ距離	がいし電極間の絶縁物の外表面に沿った最短距離を測定する。
(4)　商用周波注水耐電圧	**JIS C 3801-1** の **7.4** による。
(5)　雷インパルス耐電圧	**JIS C 3801-1** の **7.9** による。
(6)　商用周波油中破壊電圧	**JIS C 3801-1** の **7.5** による。
(7)　課電破壊荷重	**JIS C 3801-1** の **9.** による。
(8)　冷熱	**JIS C 3801-1** の **10.** による。
(9)　吸湿	**JIS C 3801-1** の **11.** による。
(10)　亜鉛めっき	**JIS C 3801-1** の **12.** による。
(11)　商用周波電圧	**JIS C 3801-1** の **7.6** による。
(12)　高周波電圧	**JIS C 3801-1** の **7.7** による。
(13)　引張耐荷重	**JIS C 3801-1** の **8.1.1** による。
(14)　打撃耐荷重	**JIS C 3801-1** の **8.1.3** に定められた打撃試験機にがいしを取り付け，がいしの笠部裏面の内側より 2 番目のリブ先端を下図に示す鋼製端子で 17 N·m の打撃エネルギーで打撃する。 同一がいしに対し，この打撃をがいしを回転させながら 3 回与える。ただし，1 回ごとにがいしを回転させ同一箇所を 2 度以上打撃しない。亀裂の有無は，浸透探傷試験（カラーチェック）によって判定する。 **単位**　mm 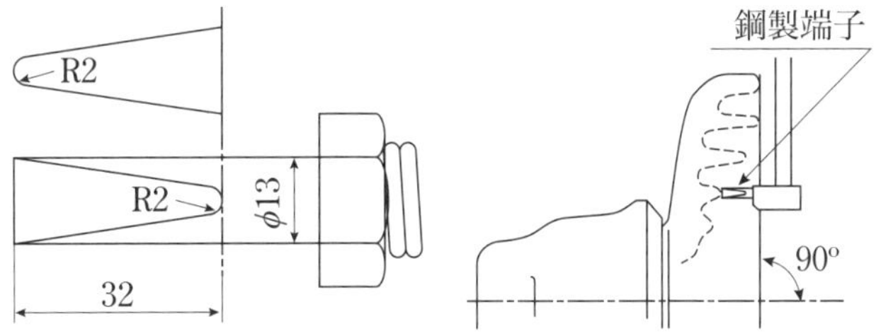 R2　R2　ϕ13　32　鋼製端子　90° 鋼製端子　打撃方法
(15)　亜鉛スリーブ	引張耐荷重値を 1 分間加えた後，亜鉛スリーブに亀裂又は亜鉛スリーブとピン本体に隙間がないことを目視により確認する。

9　検査

9.1　検査の種類，項目及び良否の判定基準

9.1.1　検査の種類

検査の種類は，形式検査，ルーチン検査，抜取検査の3種類とする。

a)　形式検査

形式検査は，製造業者の品質水準を検査するもので，本規格に定める各検査項目について，新たに開発又は改良された製品の代表に対して厳格な検査を行うとともに，製造業者の社内規格，品質管理状況なども併せて審査し，総合的に判断する。形式検査は，通常その製品の初回納入前に行うものであるが第1回のルーチン検査，抜取検査時に行うことができ，また，以降の取引期間中に購入者が必要と認めたとき随時行うことができる。

b)　ルーチン検査

ルーチン検査は，個々の取引の製品受入の際，その品質が規格に定める規定を満たしているか否かを確認するために行うもので，全数を対象とする。購入者が形式検査によって品質水準を十分信頼できると判断したときは，製造業者の社内試験成績書の提出をもって検査の立会を省略することや，あるいは検査項目の一部又は全部を省略することができる。

c)　抜取検査

抜取検査は，個々の取引の製品受入の際，その品質が規格に定める規定を満たしているか否かを確認するために行うもので，ロットの大きさにより定まる抜取数量を対象とする。購入者が形式検査によって品質水準を十分信頼できると判断したときは，製造業者の社内試験成績書の提出をもって検査の立会を省略することや，あるいは検査項目の一部又は全部を省略することができる。

9.1.2　検査の項目及び良否の判定基準

検査の項目及びその良否の判定基準は**表6**による。

表6－検査項目及び良否の判定基準

検査の項目	検査の種類			良否の判定基準
	形式検査	ルーチン検査	抜取検査	
(1)　外観	○	○	－	**表4** (1)
(2)　構造	○	－	○	**表4** (2)
(3)　表面漏れ距離	○	－	○	**表4** (3)
(4)　商用周波注水耐電圧	○	－	－	**表4** (4)
(5)　雷インパルス耐電圧	○	－	－	**表4** (5)
(6)　商用周波油中破壊電圧	○	－	○	**表4** (6)
(7)　課電破壊荷重	○	－	○	**表4** (7)
(8)　冷熱	○	－	○	**表4** (8)
(9)　吸湿	○	－	○	**表4** (9)
(10)　亜鉛めっき	○	－	○	**表4** (10)
(11)　商用周波電圧	○	○	－	**表4** (11)
(12)　高周波電圧	○	○	－	**表4** (12)
(13)　引張耐荷重	○	○	－	**表4** (13)
(14)　打撃耐荷重	○	－	－	**表4** (14)
(15)　亜鉛スリーブ [a)]	○	－	○	**表4** (15)

注記　○印は，検査を行う項目を示す。
注 [a)]　亜鉛スリーブの検査は亜鉛スリーブ付懸垂がいしに適用する。

9.2　検査の方法

9.2.1　形式検査

形式検査は次の方法により行う。

a）検査項目・検査数量

懸垂がいし1種類につき，**表6**に示す検査項目について検査を行う。その検査数量は各項目3個とする。

b）試験方法

「**8　試験**」に定める方法で行う。

c）合否の判定

懸垂がいし1種類につき，全数が**表6**及び「**5.2　組立**」並びに「**6　形状及び寸法**」に適合した適合品と判定され，かつ，製造業者の社内規格，品質管理状況などを審査の結果，製造業者の品質水準が適正と認められたときその懸垂がいしについて形式検査を合格とする。

9.2.2　ルーチン検査

ルーチン検査は次の方法により行う。

a）検査項目・検査数量

表6に示す検査項目について検査を行う。その検査数量は全数とする。

b）ロットの分け方

懸垂がいし1種類ごとに1回の受入数量を1ロットとし，ロットの大きさはがいしの個数で表す。

c）試験方法

「**8　試験**」に定める方法で行う。

d）合否の判定

表6に適合しない不適合品のみを不合格とし，ロットからこの不適合品を除く。不適合品を除いた場合に注文数量に満たないときは，別のロットから同様の検査によって合格した適合品をもってこれを補充するものとする。

9.2.3　抜取検査

抜取検査は次の方法により行う。

a）検査項目

表6に示す検査項目について検査を行う。

b）ロットの分け方

懸垂がいし1種類ごとに1回の受入数量を1ロットとし，ロットの大きさはがいしの個数で表す。

c）抜取検査における試料数

検査項目ごとに，無作為に**表7**により試料数を抜き取る。

なお，試料数が5個未満の場合，課電破壊荷重試験のみについては合計試料数が5個となるように抜取試料を追加する。また，検査内容から試料の共用が可能な場合は共用してもよい。

なお，検査のきびしさの調整は，**JIS Z 9015-1**（計数値検査に対する抜取検査手順－第1部：ロットごとの検査に対するAQL指標型抜取検査方式）の規定による。ただし，契約の最初の検査におけるきびしさは購入者と製造業者との協議による。

d）試験方法

「**8　試験**」に定める方法で行う。

e)　ロット合否の判定

1)　課電破壊荷重

JIS Z 9004（計量規準型一回抜取検査（標準偏差未知で上限又は下限規格値だけ規定した場合））の **4.7** に基づき，次の式で求めた Q_S の値が**表 8** に示す合格判定係数（K）に等しいか，これより大きい場合，そのロットを合格とする。

$$Q_s = \frac{\bar{x} - S_L}{S_e}$$

ここに，$\bar{x}$：測定値の平均値

S_L：規格値

S_e：標準偏差

$$S_e = \sqrt{\frac{x_1^2 + x_2^2 + \cdots + x_n^2}{n-1} - \frac{n\bar{x}^2}{n-1}}$$

$x_1, x_2, \cdots x_n$：個々の測定値

n：試料個数

2)　その他の項目

試料品中，**表 6** に適合しない不適合個数に対する合否の判定は次による。

2.1)　**表 7** の合格判定個数以下ならば，不適合品を除いてそのロットを合格とする。

2.2)　**表 7** の不合格判定個数以上ならば，そのロットを不合格とする。

2.3)　合格判定個数と不合格判定個数との間にあるときは，**表 7** に示す追加検査を行い，第 1 回検査と追加検査との不適合品の合計個数が追加検査の合格判定個数以下ならば不適合品を除いてそのロットを合格とし，不合格判定個数以上ならばそのロットを不合格とする。

以上の不適合品の算定は，**表 6** に示す検査項目別とする。

2.4)　不適合品が発生した場合は，原因調査の要否について購入者と製造業者で協議する。原因調査の結果，不適合が危険を招いたり，使用性又は安全性に重大な悪影響を与えたりするような致命的不適合と判断される場合は，上記 **2.1)** で合格と判定されたロットについても，その取扱いは **JIS Z 9015-0**（計数値検査に対する抜取検査手順－第 0 部：**JIS Z 9015** 抜取検査システム序論）の **2.15** 及び **JIS Z 9015-1** の **7.5** に基づき購入者と製造業者で協議する。

表 7 －抜取検査の供試個数と判定

1ロットの大きさ	検査のきびしさと判定基準																				
	ゆるい検査							なみ検査							きつい検査						
				追加検査							追加検査							追加検査			
	供試個数	合格判定個数	不合格判定個数	追加供試個数	合計供試個数	合格判定個数	不合格判定個数	供試個数	合格判定個数	不合格判定個数	追加供試個数	合計供試個数	合格判定個数	不合格判定個数	供試個数	合格判定個数	不合格判定個数	追加供試個数	合計供試個数	合格判定個数	不合格判定個数
1 ～ 15	協議による																				
16 ～ 90	2	0	1	—	—	—	—	3	0	1	—	—	—	—	5	0	1	—	—	—	—
91 ～ 500	5	0	2	5	10	1	2	8	0	2	8	16	1	2	13	0	2	13	26	1	2
501 ～ 1 200	5	0	2	5	10	1	2	13	0	3	13	26	3	4	13	0	2	13	26	1	2
1 201 ～ 10 000	8	0	3	8	16	3	4	20	1	3	20	40	4	5	20	0	3	20	40	3	4
10 001 ～ 35 000	13	1	3	13	26	4	5	32	2	5	32	64	6	7	32	1	3	32	64	4	5

表 8 －課電破壊荷重に対する合格判定係数

抜取個数	合格判定係数 K
5	1.18
8	1.36
13	1.51
20	1.62
32	1.72

10 表示

懸垂がいしには，次に示す事項をその磁器部に容易に消えない方法で表示する。

a) 製造業者名又はその記号

b) 製造年（西暦で表す。末尾 2 桁でもよい。）

c) 課電破壊荷重値

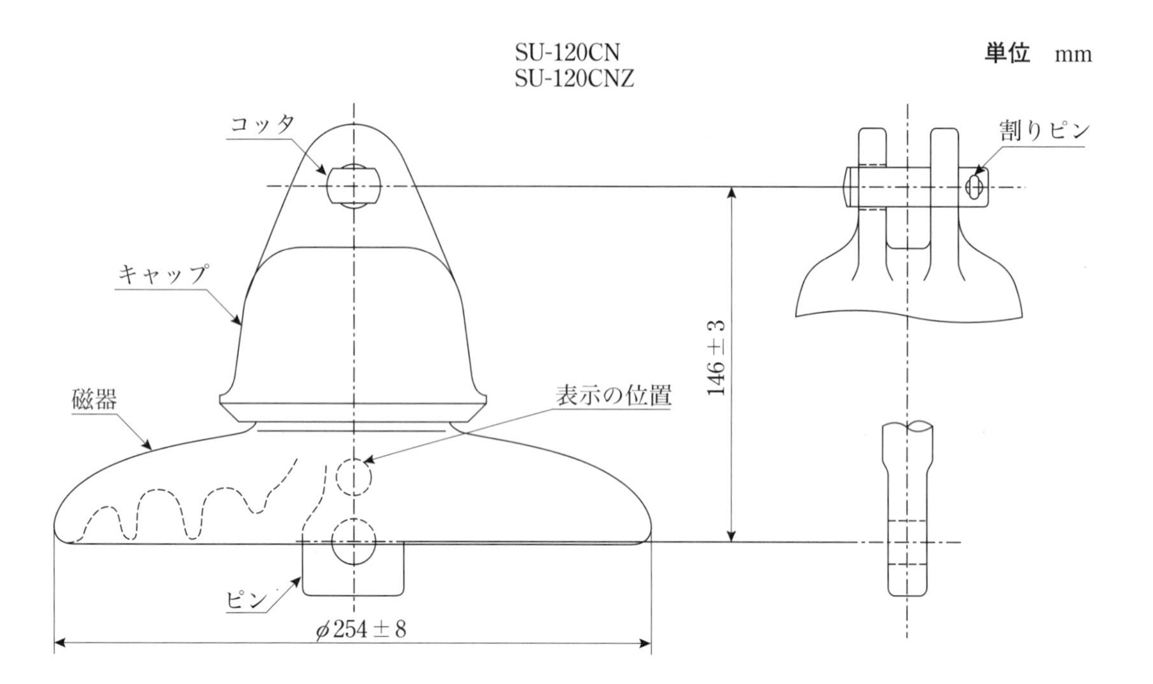

性 能

商用周波注水耐電圧	40 kV
雷インパルス耐電圧	105 kV
商用周波油中破壊電圧	140 kV
課電破壊荷重	120 kN
表面漏れ距離	280 mm 以上
商用周波電圧	75 kV 以上
引張耐荷重	48 kN

注記 1 がいしの連結部，コッタ及び割りピン寸法の詳細は，**図 12** による。
注記 2 キャップとピンのねじれの許容差は，**図 1.1** に示すとおり 5° 以下とする。
注記 3 がいしの笠の傾きの許容差は，**図 1.2** に示すとおり 7 mm 以下とする。

図 1 － 250 mm クレビス形懸垂がいし 120 kN

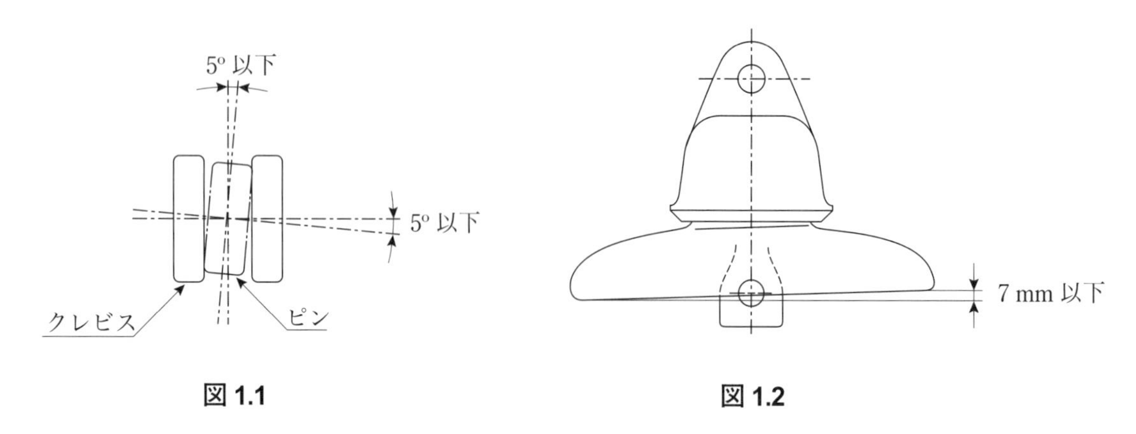

図 1.1　　**図 1.2**

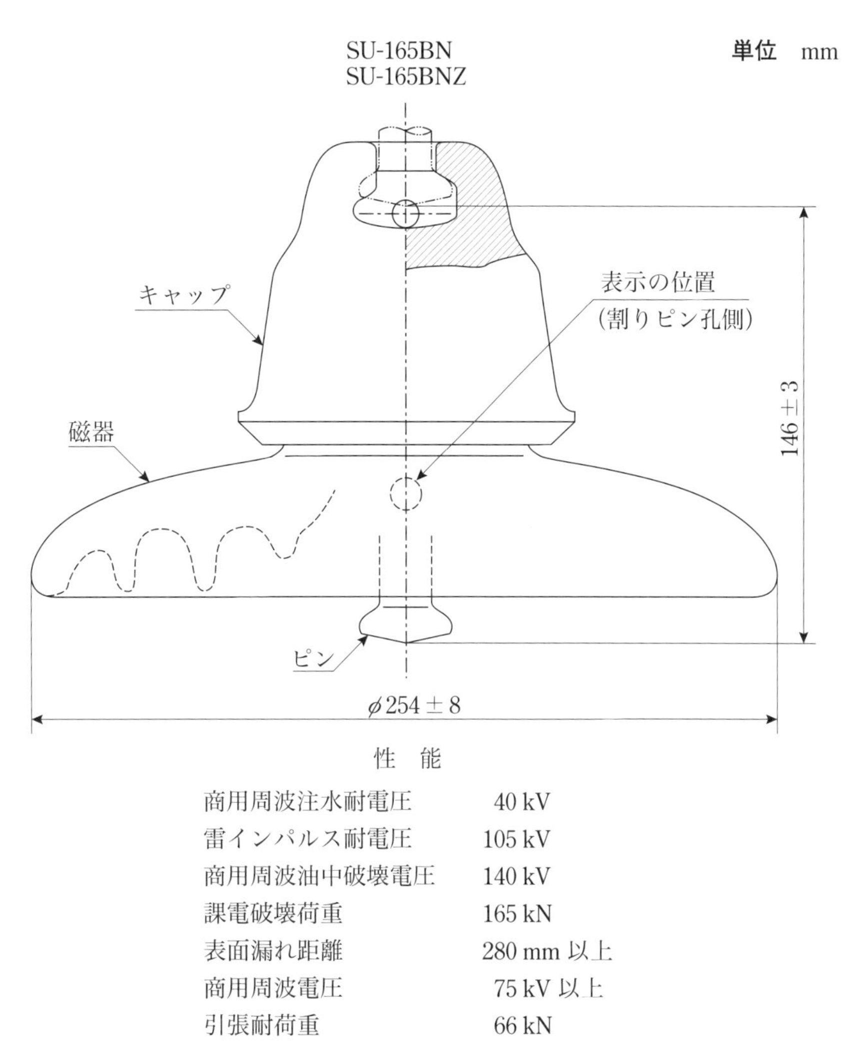

性　能

商用周波注水耐電圧	40 kV
雷インパルス耐電圧	105 kV
商用周波油中破壊電圧	140 kV
課電破壊荷重	165 kN
表面漏れ距離	280 mm 以上
商用周波電圧	75 kV 以上
引張耐荷重	66 kN

注記 1　がいしの連結部及び割りピン寸法の詳細は，**図 13** による。

注記 2　がいしのボール部及びソケット部は，**図 14**～**図 18** に示すゲージに適合しなければならない。

図 2 － 250 mm ボールソケット形懸垂がいし　165 kN

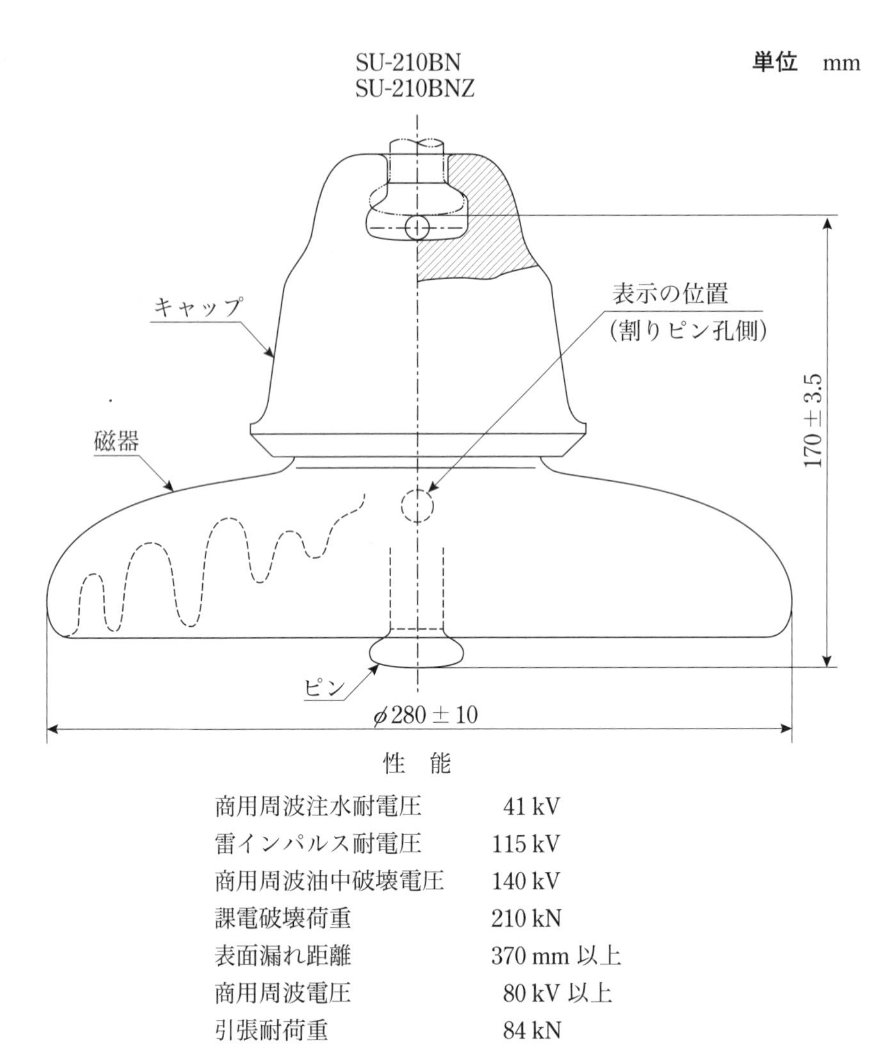

性　能

商用周波注水耐電圧	41 kV
雷インパルス耐電圧	115 kV
商用周波油中破壊電圧	140 kV
課電破壊荷重	210 kN
表面漏れ距離	370 mm 以上
商用周波電圧	80 kV 以上
引張耐荷重	84 kN

注記 1　がいしの連結部及び割りピン寸法の詳細は，**図 13** による。

注記 2　がいしのボール部及びソケット部は，**図 19**～**図 28** に示すゲージに適合しなければならない。

図 3 － 280 mm ボールソケット形懸垂がいし　210 kN

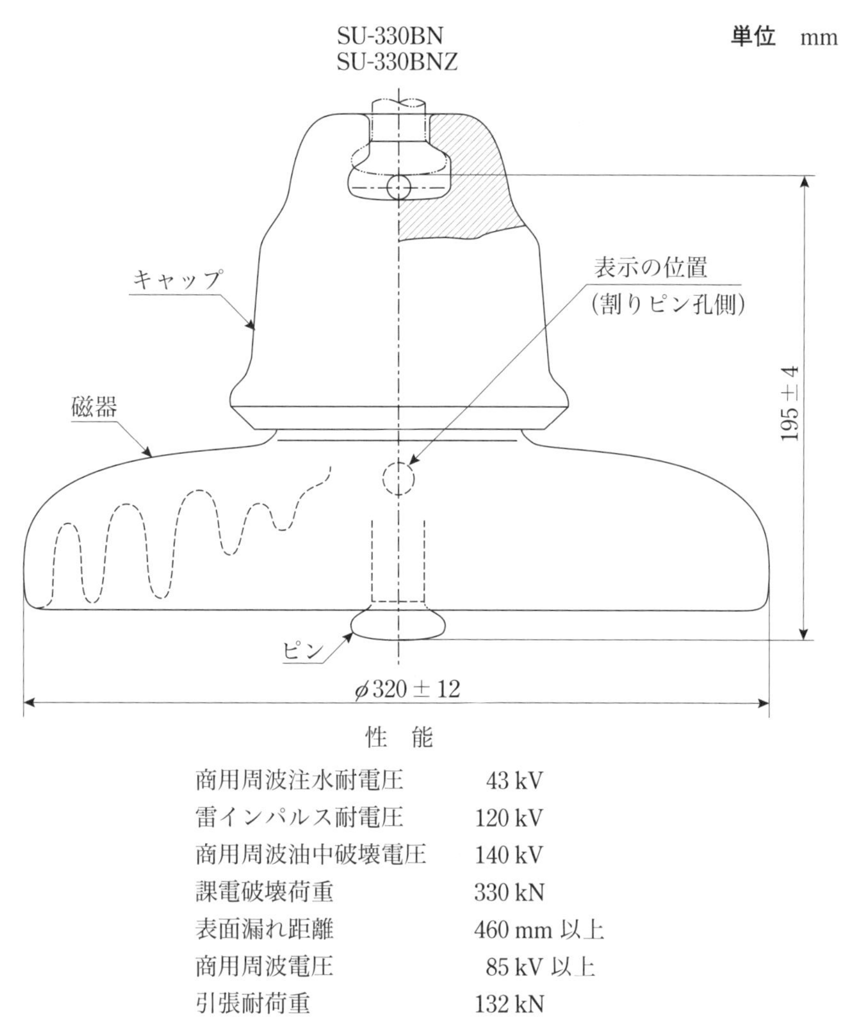

性　能

商用周波注水耐電圧	43 kV
雷インパルス耐電圧	120 kV
商用周波油中破壊電圧	140 kV
課電破壊荷重	330 kN
表面漏れ距離	460 mm 以上
商用周波電圧	85 kV 以上
引張耐荷重	132 kN

注記 1　がいしの連結部及び割りピン寸法の詳細は，**図 13** による。

注記 2　がいしのボール部及びソケット部は，**図 19**～**図 28** に示すゲージに適合しなければならない。

図 4 － 320 mm ボールソケット形懸垂がいし　330 kN

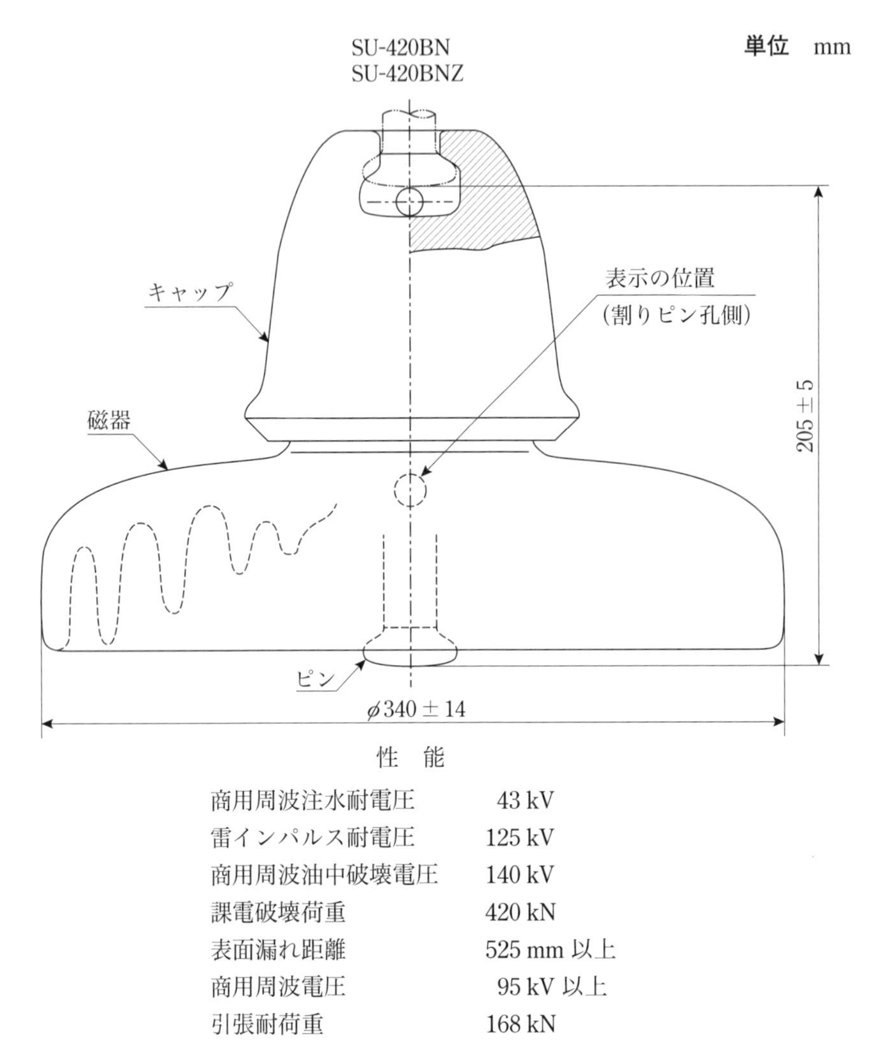

性　能

商用周波注水耐電圧	43 kV
雷インパルス耐電圧	125 kV
商用周波油中破壊電圧	140 kV
課電破壊荷重	420 kN
表面漏れ距離	525 mm 以上
商用周波電圧	95 kV 以上
引張耐荷重	168 kN

注記 1　がいしの連結部及び割りピン寸法の詳細は，**図 13** による。

注記 2　がいしのボール部及びソケット部は，**図 19**～**図 28** に示すゲージに適合しなければならない。

図 5 － 340 mm ボールソケット形懸垂がいし　420 kN

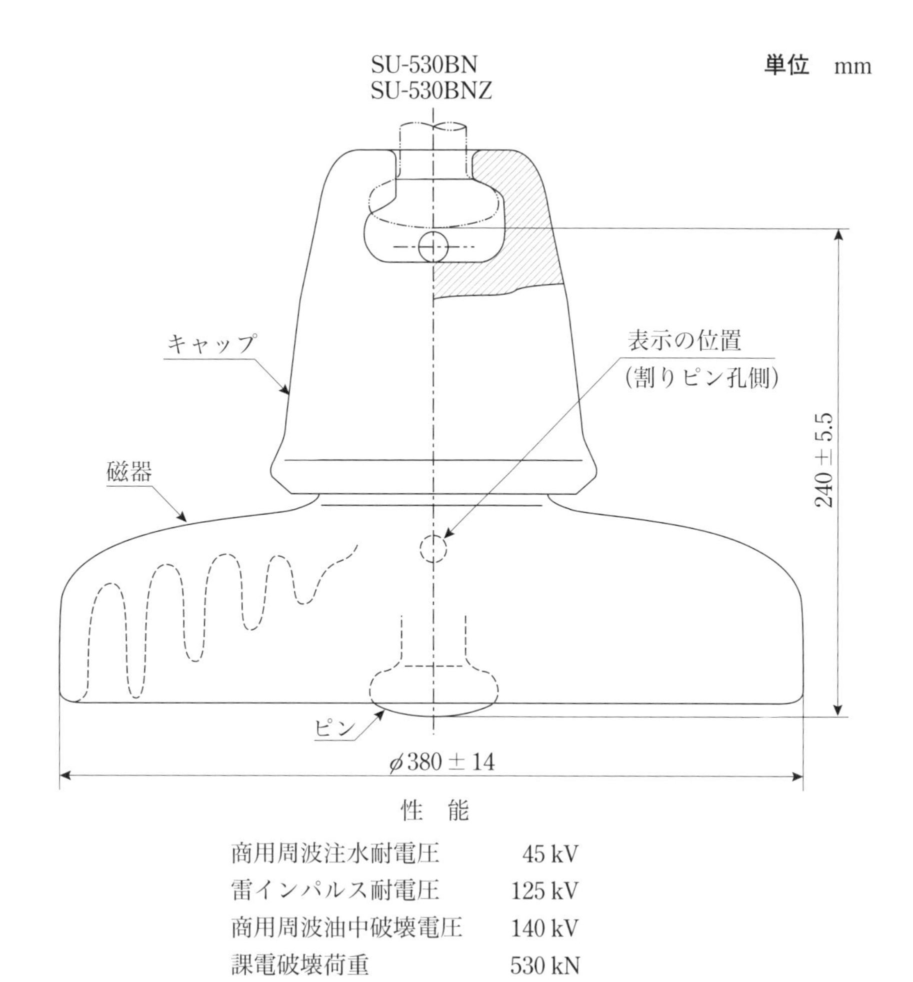

性　能

商用周波注水耐電圧	45 kV
雷インパルス耐電圧	125 kV
商用周波油中破壊電圧	140 kV
課電破壊荷重	530 kN
表面漏れ距離	670 mm 以上
商用周波電圧	95 kV 以上
引張耐荷重	212 kN

注記 1　がいしの連結部及び割りピン寸法の詳細は，**図 13** による。
注記 2　がいしのボール部及びソケット部は，**図 19**～**図 28** に示すゲージに適合しなければならない。

図 6 － 380 mm ボールソケット形懸垂がいし　530 kN

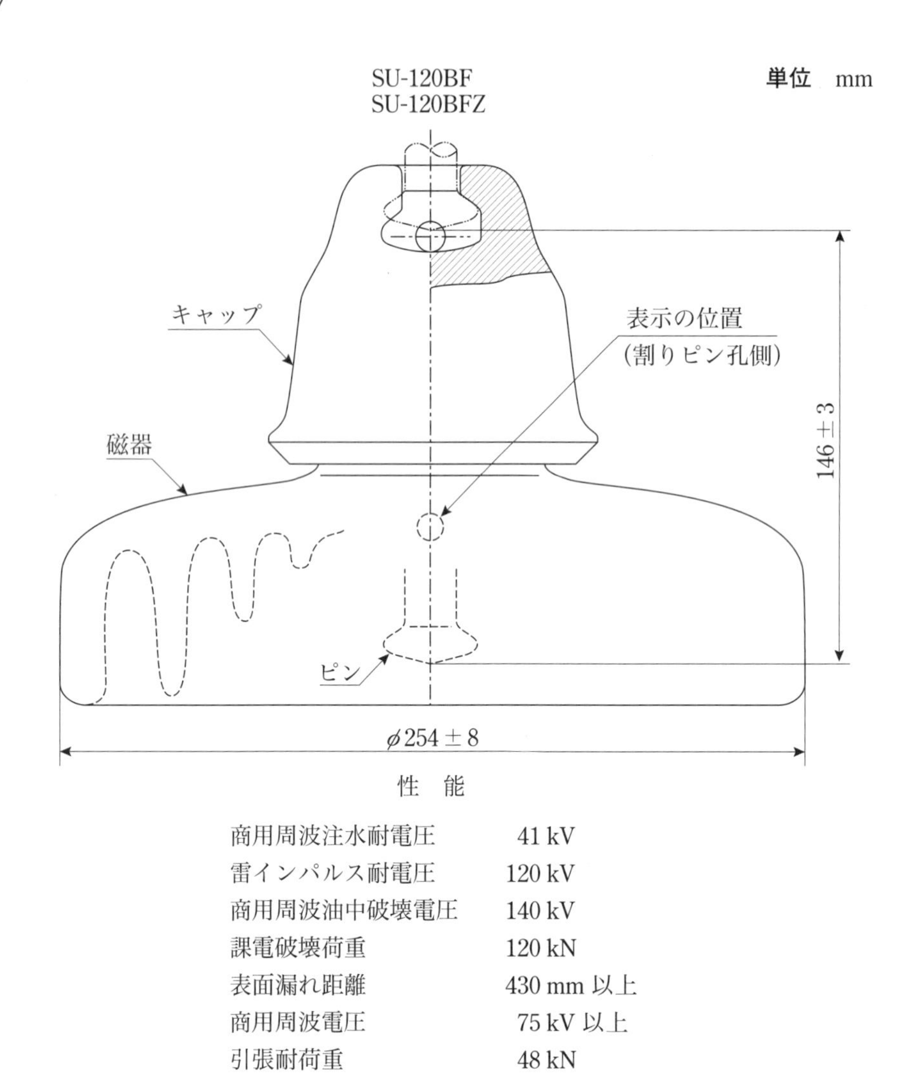

性　能

商用周波注水耐電圧	41 kV
雷インパルス耐電圧	120 kV
商用周波油中破壊電圧	140 kV
課電破壊荷重	120 kN
表面漏れ距離	430 mm 以上
商用周波電圧	75 kV 以上
引張耐荷重	48 kN

注記 1　がいしの連結部及び割りピン寸法の詳細は，**図 13** による。

注記 2　がいしのボール部及びソケット部は，**図 14**～**図 18** に示すゲージに適合しなければならない。

図 7 － 250 mm ボールソケット形耐塩用懸垂がいし　120 kN

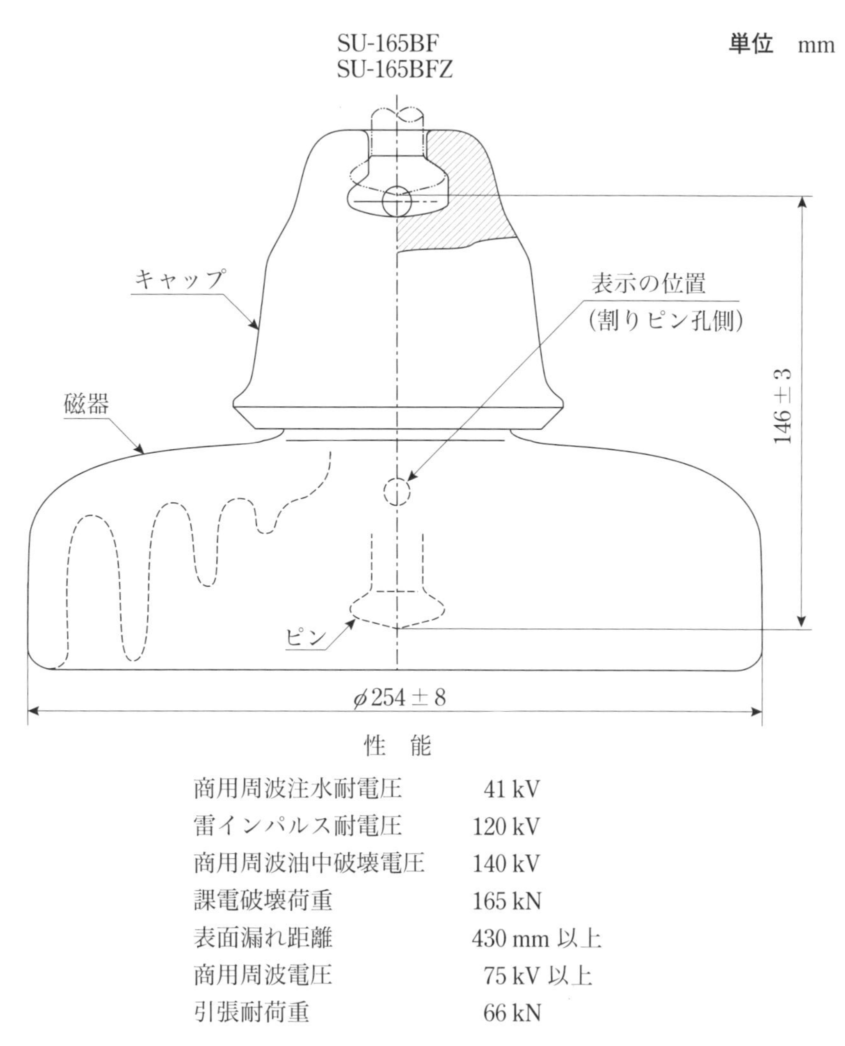

性　能

商用周波注水耐電圧	41 kV
雷インパルス耐電圧	120 kV
商用周波油中破壊電圧	140 kV
課電破壊荷重	165 kN
表面漏れ距離	430 mm 以上
商用周波電圧	75 kV 以上
引張耐荷重	66 kN

注記 1　がいしの連結部及び割りピン寸法の詳細は，**図 13** による。

注記 2　がいしのボール部及びソケット部は，**図 14**～**図 18** に示すゲージに適合しなければならない。

図 8 － 250 mm ボールソケット形耐塩用懸垂がいし　165 kN

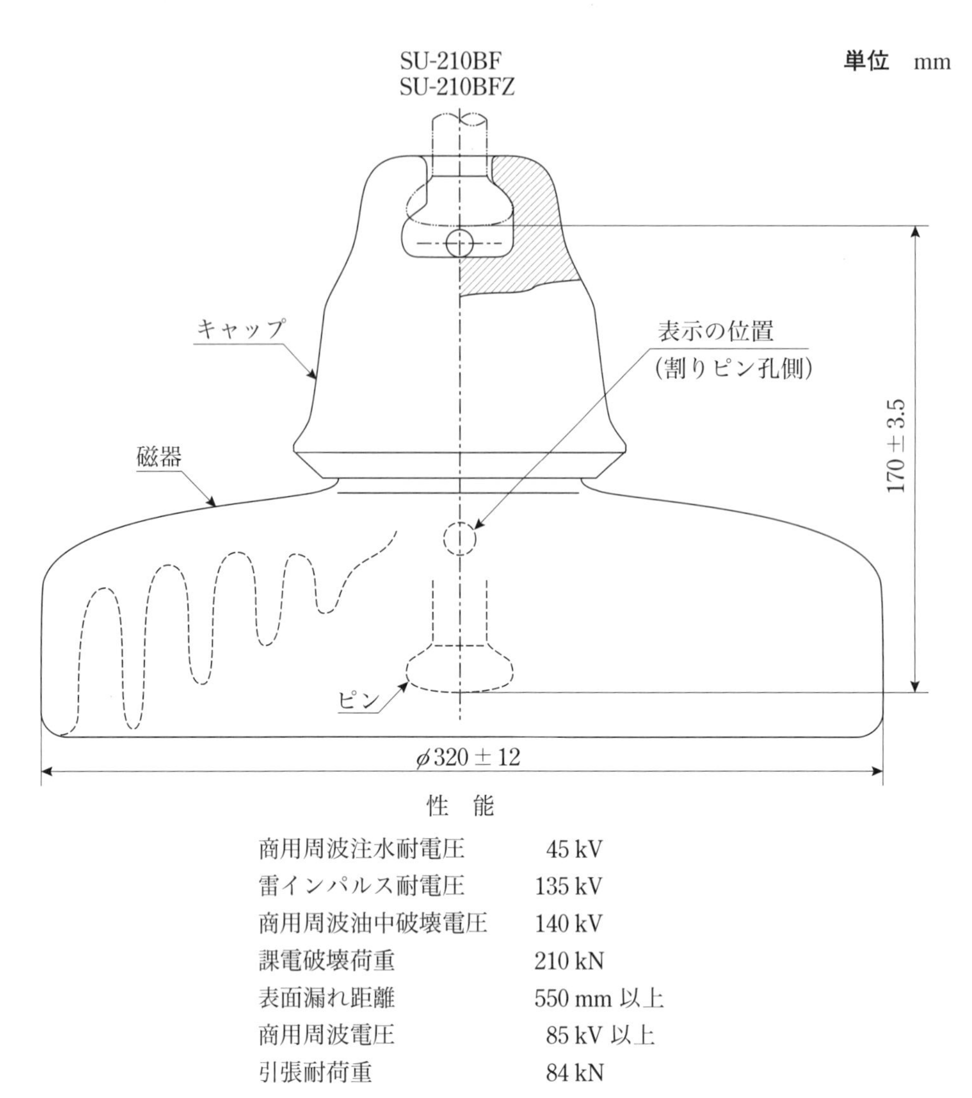

性 能

商用周波注水耐電圧	45 kV
雷インパルス耐電圧	135 kV
商用周波油中破壊電圧	140 kV
課電破壊荷重	210 kN
表面漏れ距離	550 mm 以上
商用周波電圧	85 kV 以上
引張耐荷重	84 kN

注記 1 がいしの連結部及び割りピン寸法の詳細は，**図 13** による。

注記 2 がいしのボール部及びソケット部は，**図 19**～**図 28** に示すゲージに適合しなければならない。

図 9 － 320 mm ボールソケット形耐塩用懸垂がいし　210 kN

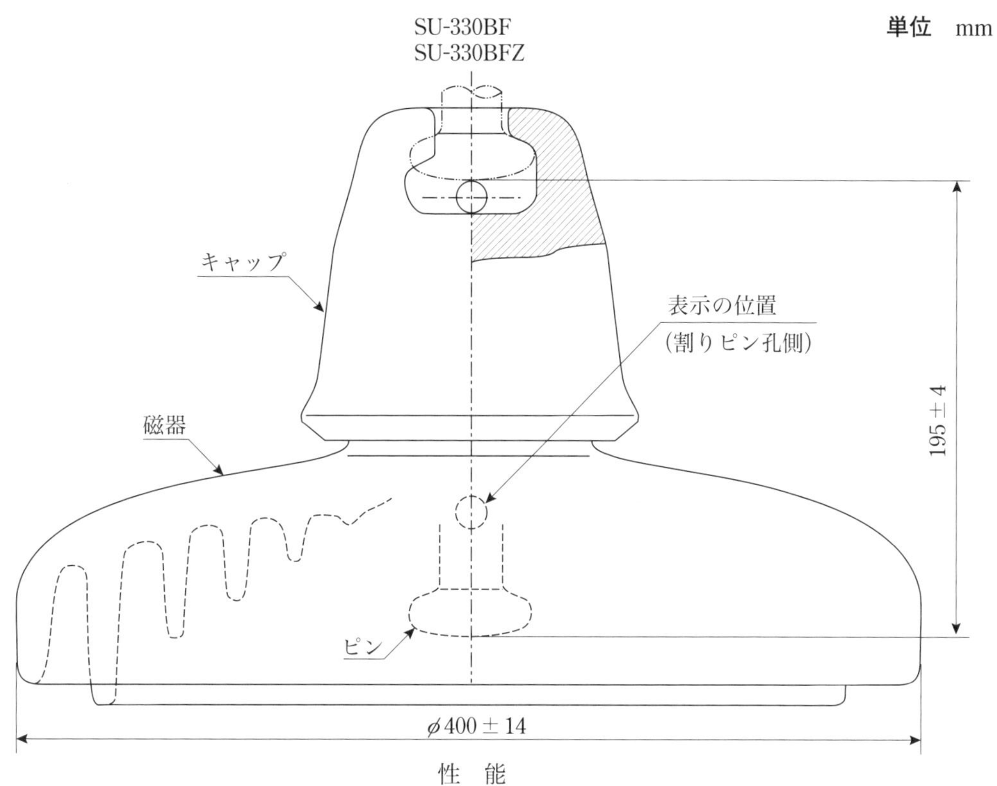

性 能

商用周波注水耐電圧	52 kV
雷インパルス耐電圧	155 kV
商用周波油中破壊電圧	140 kV
課電破壊荷重	330 kN
表面漏れ距離	690 mm 以上
商用周波電圧	95 kV 以上
引張耐荷重	132 kN

注記 1 がいしの連結部及び割りピン寸法の詳細は，**図 13** による。

注記 2 がいしのボール部及びソケット部は，**図 19**～**図 28** に示すゲージに適合しなければならない。

図 10 － 400 mm ボールソケット形耐塩用懸垂がいし 330 kN

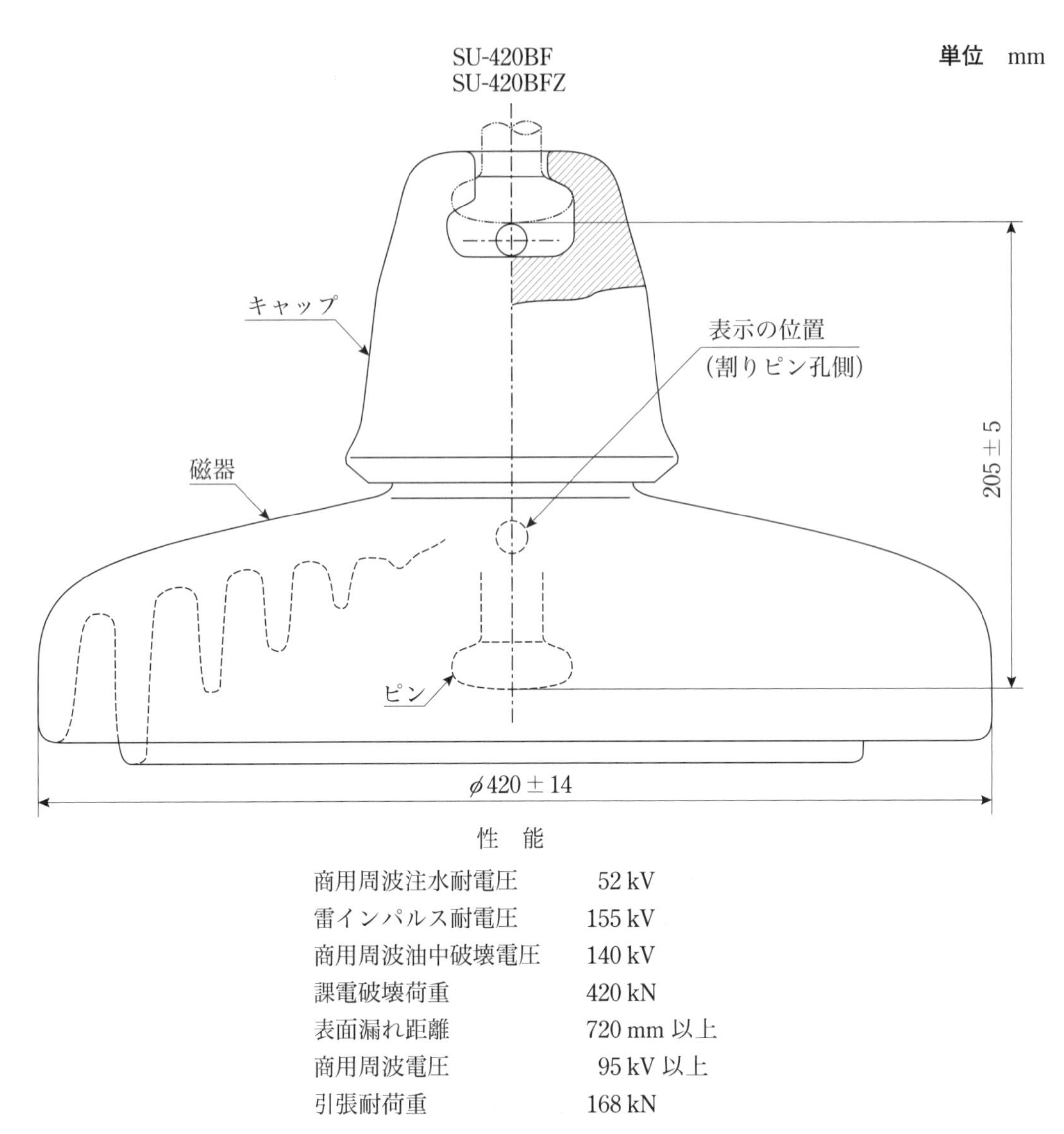

性　能

商用周波注水耐電圧	52 kV
雷インパルス耐電圧	155 kV
商用周波油中破壊電圧	140 kV
課電破壊荷重	420 kN
表面漏れ距離	720 mm 以上
商用周波電圧	95 kV 以上
引張耐荷重	168 kN

注記 1　がいしの連結部及び割りピン寸法の詳細は，**図 13** による。

注記 2　がいしのボール部及びソケット部は，**図 19**～**図 28** に示すゲージに適合しなければならない。

図 11 － 420 mm ボールソケット形耐塩用懸垂がいし　420 kN

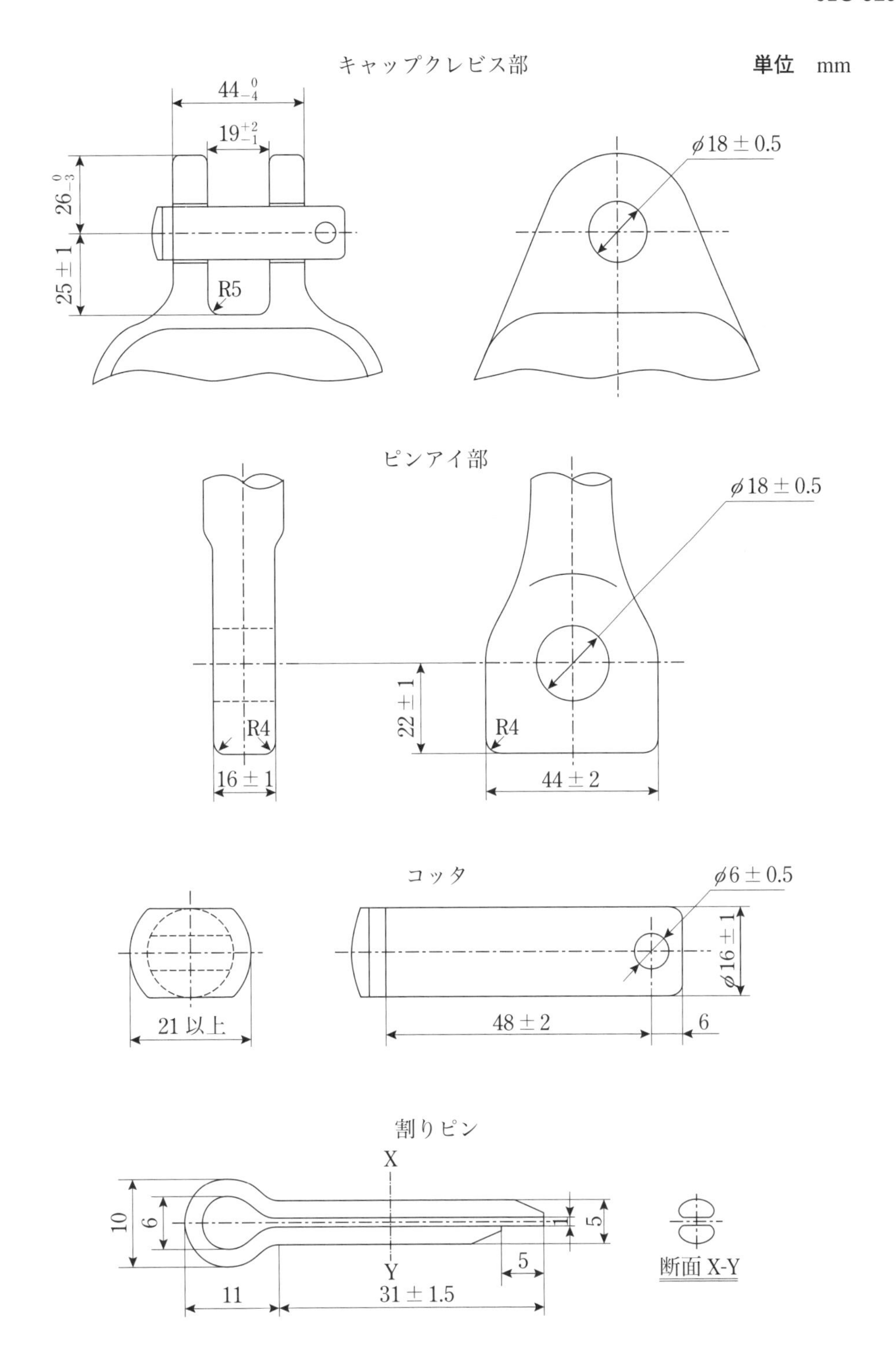

注記　許容差のない寸法は参考寸法とする。

図 12 －クレビス形懸垂がいしの連結部，コッタ及び割りピン標準寸法

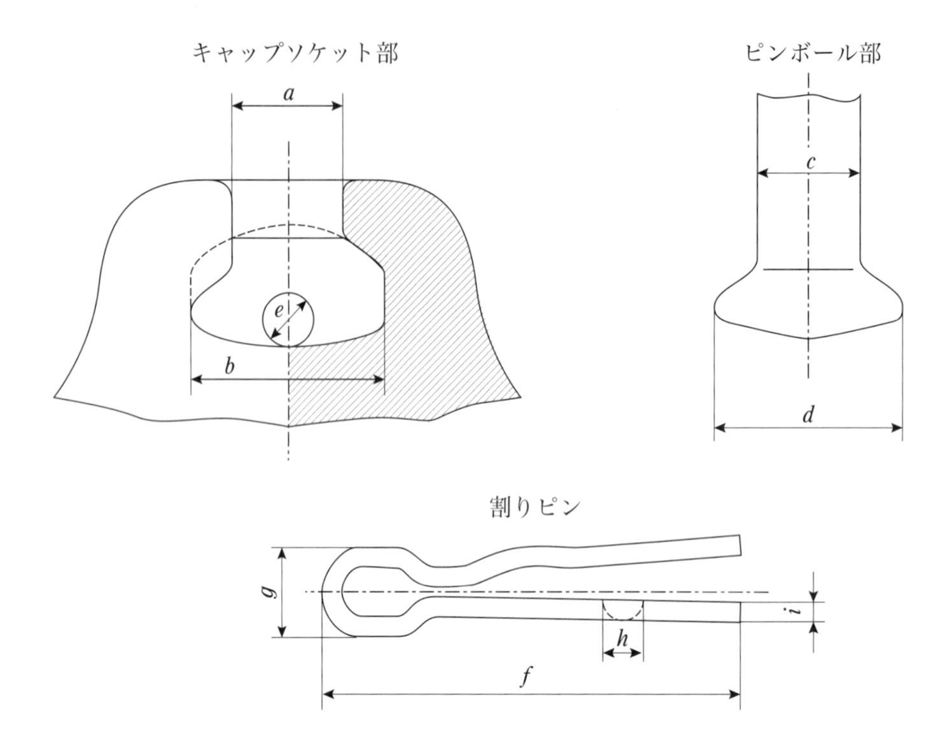

単位　mm

がいしの種類	寸法系列 [a]	寸法								
		a	*b*	*c*	*d*	*e*	*f*	*g*	*h*	*i*
250mm 懸垂がいし 250mm 耐塩用懸垂がいし	A	20	35	18	32.5	8	60（70）[b]	13	5.5	3
	B	20	35	18	32.5	9.5	65	14.5	5.5	3.2
280mm 懸垂がいし 320mm 耐塩用懸垂がいし	A	24	44	20.5	40	10.5	85	18	7.5	4
	B	24	44	20.5	40	10	80	16.4	7	3.2
320mm 懸垂がいし 400mm 耐塩用懸垂がいし	A	29	52	24.5	48	12	105	21	8.7	4.5
	B	29	52	24.5	48	12	100	20	8.7	4
340mm 懸垂がいし 420mm 耐塩用懸垂がいし	B	33.5	61	28	56	13	110	22.5	10	4.5
380mm 懸垂がいし	B	37.5	70	32	64	15	125	26	11.5	5.2

注記　寸法は参考寸法とする。
注 [a]　寸法は，寸法系列 A（**JEC**）及び B（**IEC**）のいずれかとする。
注 [b]　*f* 寸法 60 は，課電破壊荷重 120 kN の場合を示し，（70）は 165 kN の場合を示す。
ただし，60 を（70）で統一してもよい。

図 13 －ボールソケット形懸垂がいしの連結部及び割りピン標準寸法

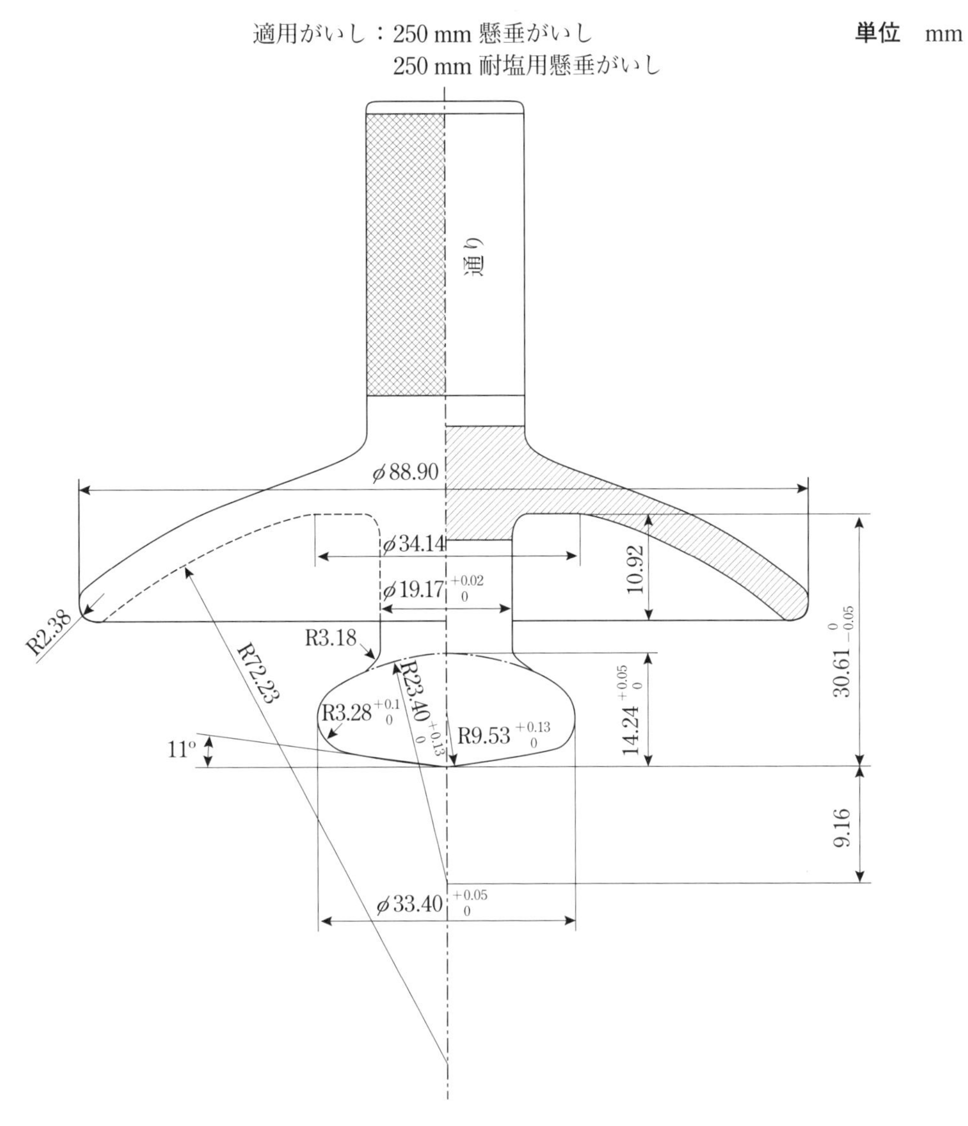

注記　このゲージは，ソケットの内部及び外面を検査するもので，ボール部がソケット内部に完全に収容されなければならない。

図 14 －フックオン“通り”ゲージ

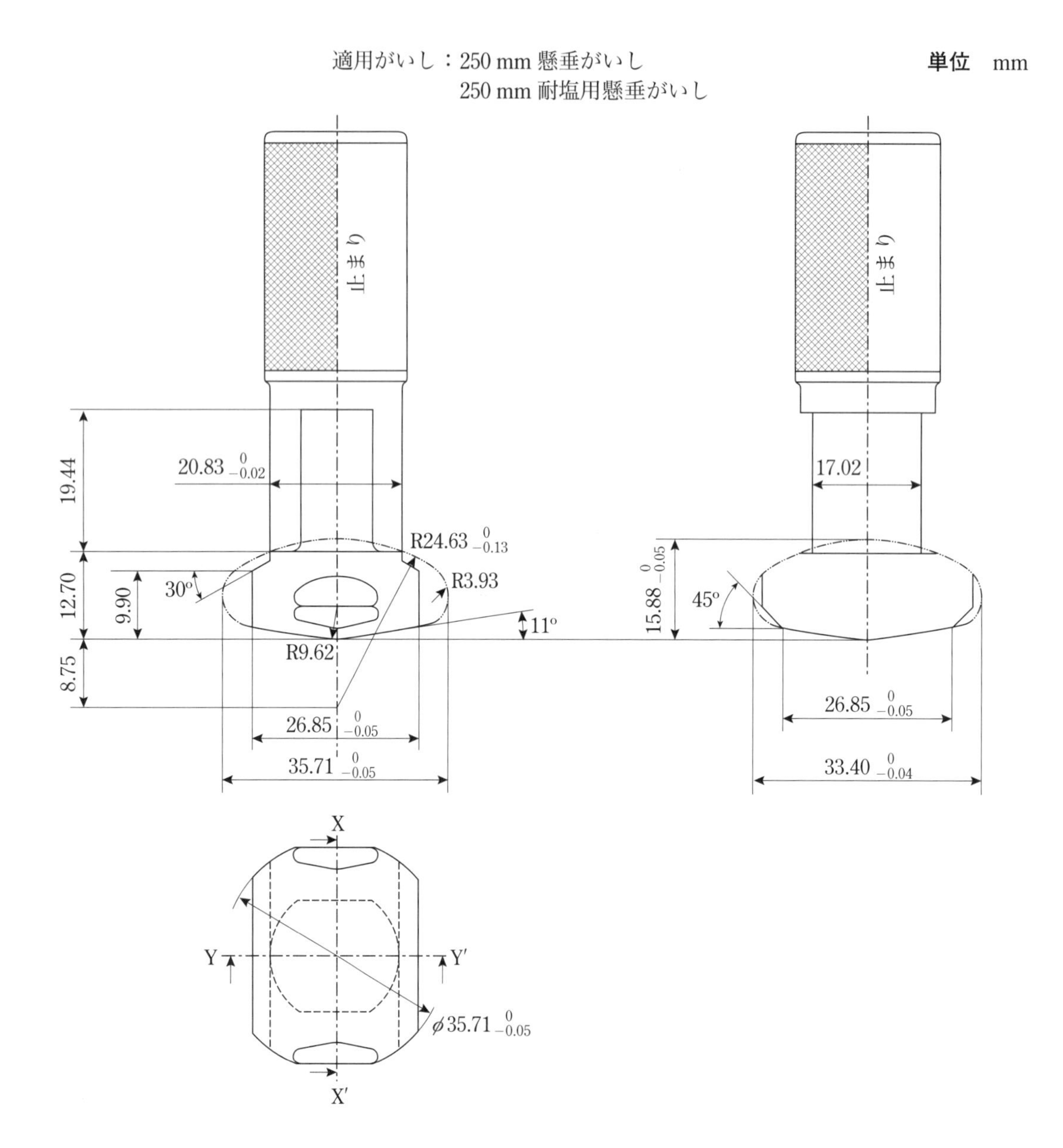

注記　このゲージは，ソケットの入口の高さ（XX′方向），及びネックの幅（YY′方向）を検査するもので，XX′方向，YY′方向ともに通ってはならない。

図 15 －入口の高さ，ネックの幅用ソケット“止まり”ゲージ

適用がいし：250 mm 懸垂がいし
250 mm 耐塩用懸垂がいし

単位　mm

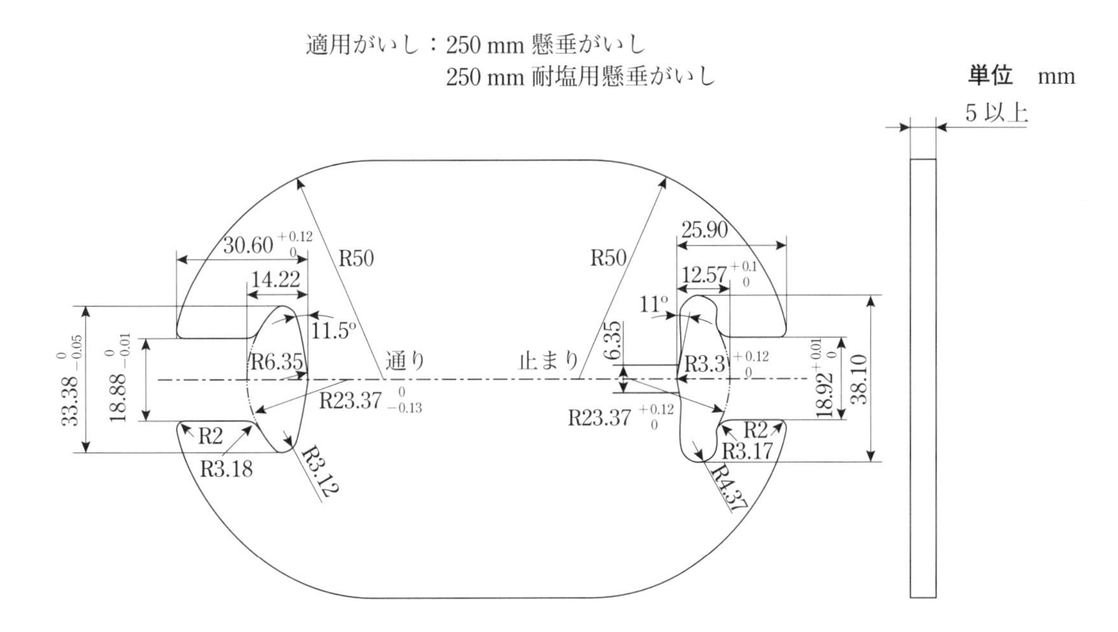

注記　このゲージは，ピンボール部のボール高さ，シャンクの直径及びシャンクの長さを検査するためのもので，通りゲージはいずれか一方向が通ればよく，止まりゲージは全ての方向に通ってはならない。

図 16 －ボールの高さ，シャンクの直径，シャンクの長さ用ピン“通り”ゲージ及びボールの高さ用ピン“止まり”ゲージ

適用がいし：250 mm 懸垂がいし
250 mm 耐塩用懸垂がいし

単位　mm

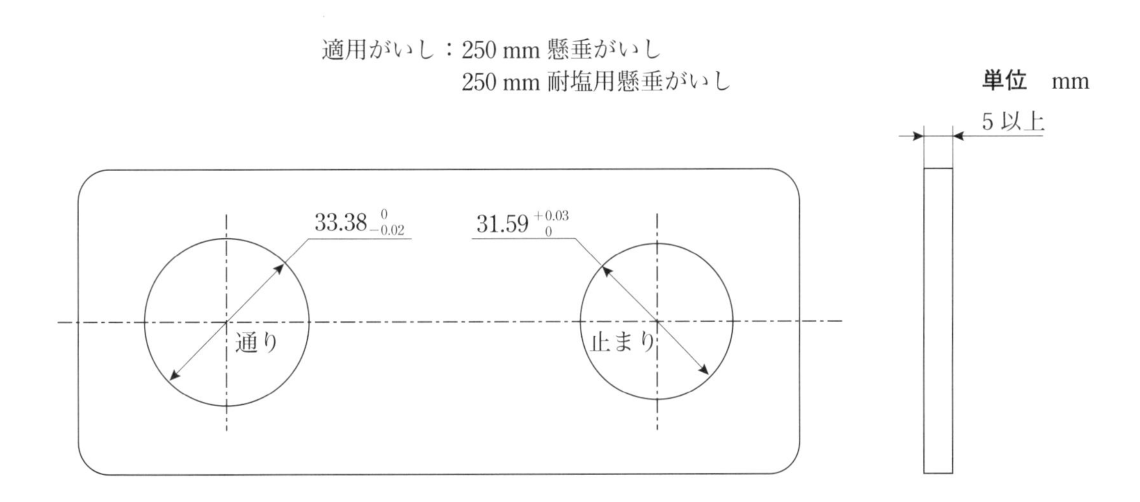

注記　このゲージは，ピンボールのボールの直径を検査するもので，“通り”ゲージはボール部が通ればよく，“止まり”ゲージは通ってはならない。

図 17 －ボールの直径用ピン“通り”ゲージ及び“止まり”ゲージ

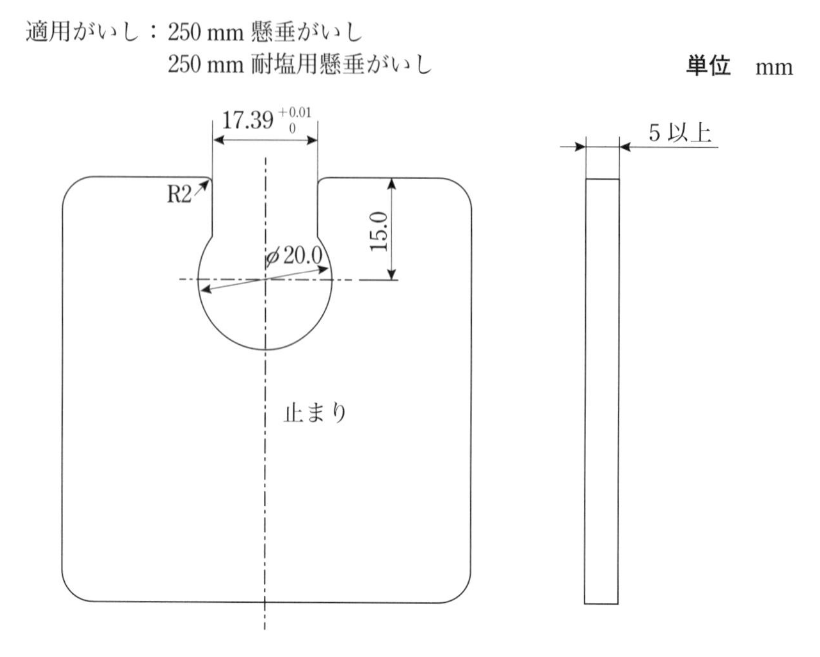

注記 このゲージは，ピンボール部のシャンクの直径を検査するもので，全ての方向に通ってはならない。

図 18 －シャンクの直径用ピン“止まり”ゲージ

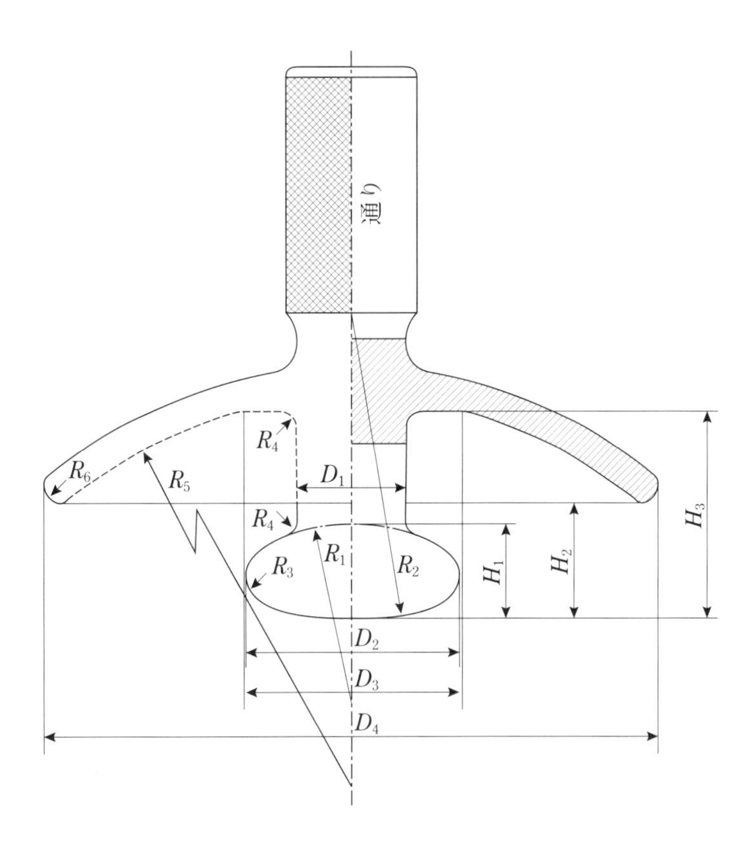

注記　このゲージは，ソケットの内部及び外面を検査するもので，ボール部がソケット内部に完全に収容されなければならない。

単位　mm

適用がいし	寸法		D_1	D_2	D_3	D_4	H_1	H_2	H_3	R_1	R_2	R_3	R_4	R_5	R_6
280 mm 懸垂がいし 320 mm 耐塩用 懸垂がいし	製作時	最大輪郭	21.150	41.220	45.484	120.95	19.702	25.551	42.151	27.101	60.101	5.845	3.425	89.55	3.45
		中心輪郭	21.120	41.170	45.523	120.65	19.656	25.678	42.278	27.078	60.078	5.824	3.440	89.70	3.30
		最小輪郭	21.090	41.120	45.561	120.35	19.610	25.805	42.405	27.055	60.055	5.803	3.455	89.85	3.15
	使用限度		21.000	41.000	45.600	120.05	19.500	25.900	42.500	27.000	60.000	5.753	3.500	90.00	3.00
320 mm 懸垂がいし 400 mm 耐塩用 懸垂がいし	製作時	最大輪郭	25.172	49.250	50.490	140.90	21.242	25.971	46.171	40.121	70.121	6.732	3.914	104.55	3.45
		中心輪郭	25.136	49.190	50.527	140.60	21.186	26.093	46.293	40.093	70.093	6.706	3.932	104.70	3.30
		最小輪郭	25.100	49.130	50.564	140.30	21.130	26.215	46.415	40.065	70.065	6.680	3.950	104.85	3.15
	使用限度		25.000	49.000	50.600	140.00	21.000	26.300	46.500	40.000	70.000	6.615	4.000	105.00	3.00
340 mm 懸垂がいし 420 mm 耐塩用 懸垂がいし	製作時	最大輪郭	29.190	57.290	66.870	165.94	23.770	29.100	51.100	55.135	80.135	7.994	4.414	129.55	3.45
		中心輪郭	29.150	57.215	66.915	165.64	23.708	29.250	51.250	55.104	80.104	7.967	4.432	129.70	3.30
		最小輪郭	29.110	57.140	66.960	165.34	23.646	29.400	51.400	55.073	80.073	7.938	4.450	129.85	3.15
	使用限度		29.000	57.000	67.000	165.04	23.500	29.500	51.500	55.000	80.000	7.864	4.500	130.00	3.00
380 mm 懸垂がいし	製作時	最大輪郭	33.220	65.310	85.800	198.45	27.300	34.000	61.400	70.150	90.150	9.719	4.914	149.55	3.45
		中心輪郭	33.170	65.230	85.850	198.22	27.225	34.175	61.600	70.112	90.113	9.683	4.932	149.70	3.30
		最小輪郭	33.120	65.150	85.900	197.98	27.150	34.350	61.800	70.075	90.075	9.647	4.950	149.85	3.15
	使用限度		33.000	65.000	86.000	197.83	27.000	34.500	62.000	70.000	90.000	9.572	5.000	150.00	3.00
注記　ゲージは，最大輪郭と最小輪郭の範囲の寸法で製作し，使用限度に示す寸法を超えない範囲で使用する。															

図 19 －フックオン“通り”ゲージ

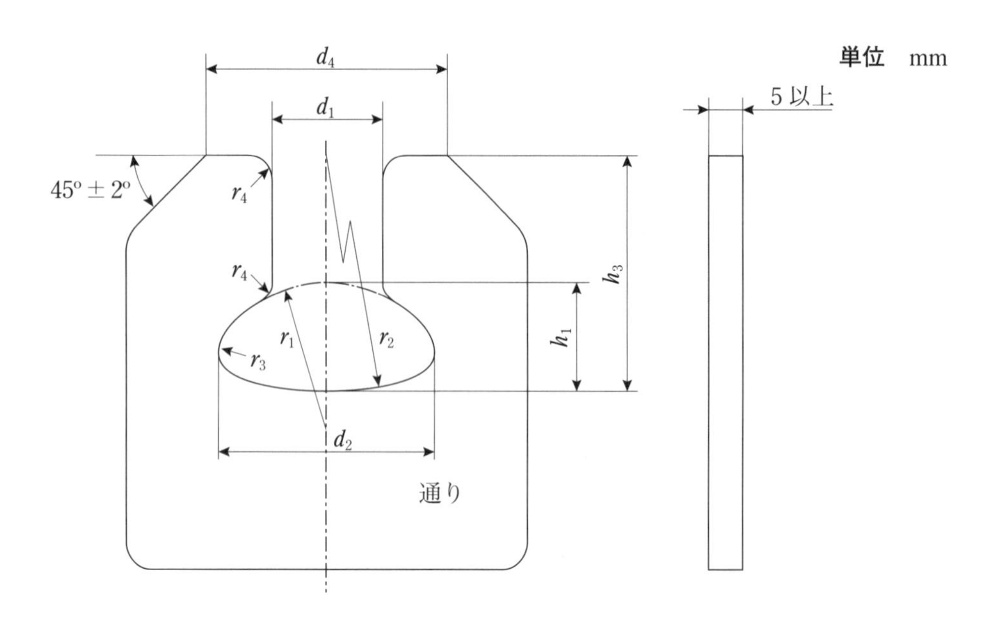

注記　このゲージは，ピンボール部のボールの高さ，シャンクの直径及びシャンクの長さを検査するもので，いずれか一方向に通らなければならない。

単位　mm

適用がいし	寸法		d_1	d_2	d_4	h_1	h_3	r_1	r_2	r_3	r_4
280 mm 懸垂がいし 320 mm 耐塩用 懸垂がいし	製作時	最小輪郭	20.916	40.900	45.5	19.400	42.64	26.950	59.950	5.703	4.542
		中心輪郭	20.928	40.920	45.0	19.418	42.60	26.959	59.959	5.711	4.536
		最大輪郭	20.940	40.940	44.5	19.436	42.56	26.968	59.968	5.719	4.530
	使用限度		21.000	41.000	44.0	19.500	42.50	27.000	60.000	5.753	4.500
320 mm 懸垂がいし 400 mm 耐塩用 懸垂がいし	製作時	最小輪郭	24.912	48.890	50.5	20.888	46.65	39.944	69.944	6.558	5.544
		中心輪郭	24.924	48.912	50.0	20.908	46.61	39.954	69.954	6.567	5.538
		最大輪郭	24.936	48.934	49.5	20.928	46.57	39.964	69.964	6.577	5.532
	使用限度		25.000	49.000	49.0	21.000	46.50	40.000	70.000	6.615	5.500
340 mm 懸垂がいし 420 mm 耐塩用 懸垂がいし	製作時	最小輪郭	28.906	56.881	68.5	23.380	51.66	54.940	79.940	7.803	6.044
		中心輪郭	28.919	56.905	68.0	23.402	51.62	54.951	79.951	7.814	6.038
		最大輪郭	28.932	56.929	67.5	23.424	51.58	54.962	79.962	7.825	6.032
	使用限度		29.000	57.000	67.0	23.500	51.50	55.000	80.000	7.864	6.000
380 mm 懸垂がいし	製作時	最小輪郭	32.899	64.871	87.5	26.868	62.16	69.934	89.934	9.506	6.544
		中心輪郭	32.913	64.897	87.0	26.892	62.12	69.946	89.946	9.517	6.538
		最大輪郭	32.927	64.923	86.5	26.916	62.08	69.958	89.958	9.528	6.532
	使用限度		33.000	65.000	86.0	27.000	62.00	70.000	90.000	9.572	6.500
注記　ゲージは，最大輪郭と最小輪郭の範囲の寸法で製作し，使用限度に示す寸法を超えない範囲で使用する。											

図 20 －ボールの高さ，シャンクの直径及びシャンクの長さ用ピン“通り”ゲージ

単位　mm

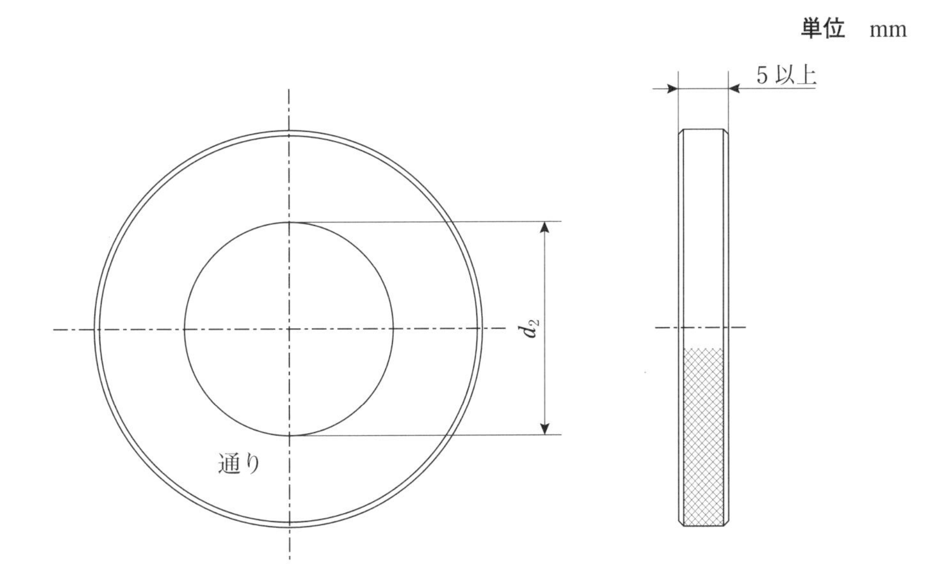

注記　このゲージは，ピンボール部のボールの直径を検査するもので，ボール部が通らなければならない。

単位　mm

適用がいし	寸法 d_2	
280 mm 懸垂がいし 320 mm 耐塩用懸垂がいし	製作時	40.920 ±0.013
	使用限度	41.000
320 mm 懸垂がいし 400 mm 耐塩用懸垂がいし	製作時	48.913 ±0.014
	使用限度	49.000
340 mm 懸垂がいし 420 mm 耐塩用懸垂がいし	製作時	56.908 ±0.015
	使用限度	57.000
380 mm 懸垂がいし	製作時	64.903 ±0.016
	使用限度	65.000

図 21 －ボールの直径用ピン“通り”ゲージ

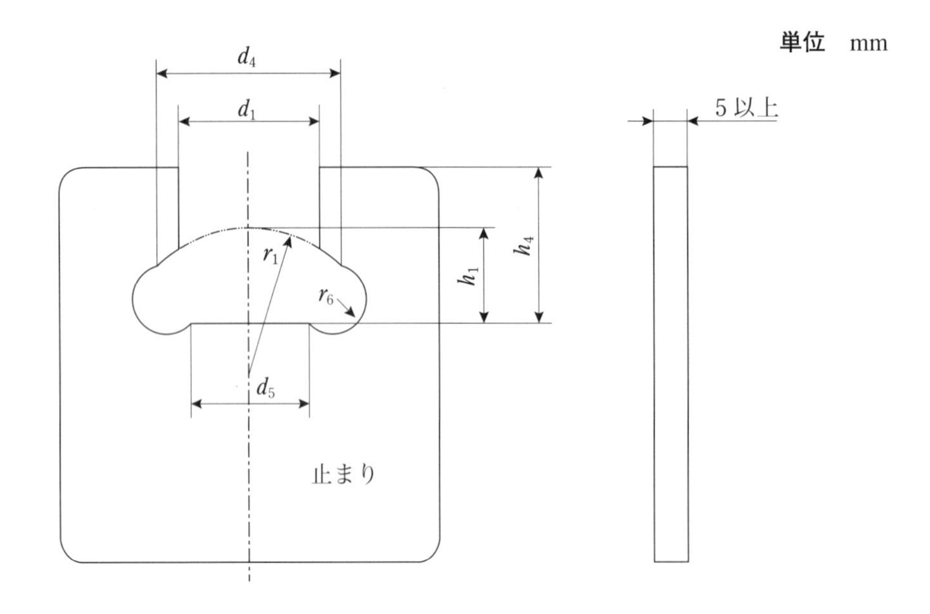

注記　このゲージは，ピンボール部のボールの高さを検査するもので，全ての方向に通ってはならない。

単位　mm

適用がいし	寸法	d_1	d_4	d_5	h_1	h_4	r_1	r_6
280 mm 懸垂がいし 320 mm 耐塩用懸垂がいし	最小輪郭	28.36	36.3	23.3	18.082	29.5	26.991	6.7
	中心輪郭	28.42	36.0	23.0	18.100	30.0	27.000	7.0
	最大輪郭	28.48	35.7	22.7	18.118	30.5	27.009	7.3
320 mm 懸垂がいし 400 mm 耐塩用懸垂がいし	最小輪郭	34.48	42.3	28.3	19.280	31.5	39.990	7.7
	中心輪郭	34.54	42.0	28.0	19.300	32.0	40.000	8.0
	最大輪郭	34.60	41.7	27.7	19.320	32.5	40.010	8.3
340 mm 懸垂がいし 420 mm 耐塩用懸垂がいし	最小輪郭	36.90	47.3	32.3	21.678	44.5	54.989	9.7
	中心輪郭	37.00	47.0	32.0	21.700	45.0	55.000	10.0
	最大輪郭	37.10	46.7	31.7	21.722	45.5	55.011	10.3
380 mm 懸垂がいし	最小輪郭	40.88	52.3	36.3	25.076	47.5	69.988	11.7
	中心輪郭	41.00	52.0	36.0	25.100	48.0	70.000	12.0
	最大輪郭	41.12	51.7	35.7	25.124	48.5	70.012	12.3

図 22－ボールの高さ用ピン“止まり”ゲージ

単位　mm

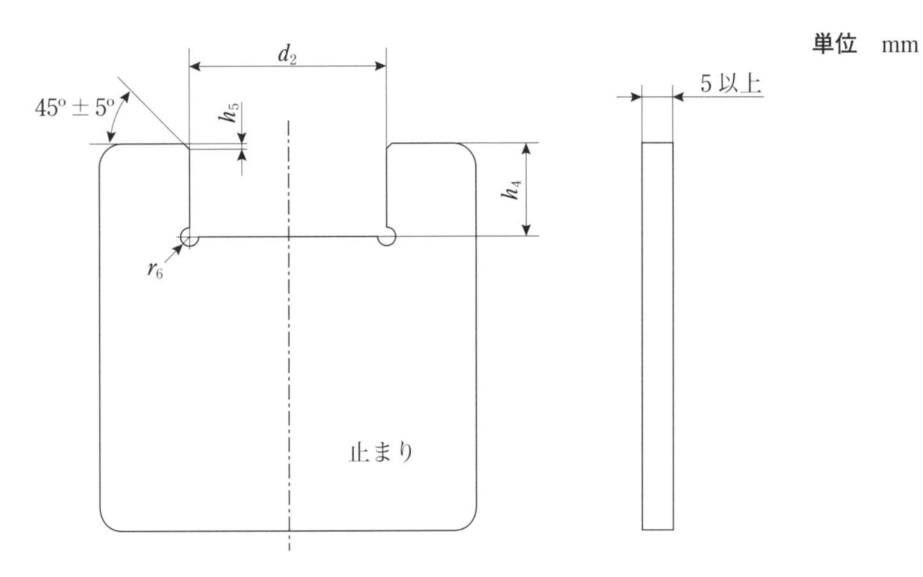

注記　このゲージは，ピンボール部のボールの直径を検査するもので，全ての方向に通ってはならない。

単位　mm

適用がいし	d_2	h_4	h_5	r_6
280 mm 懸垂がいし 320 mm 耐塩用懸垂がいし	39.400 ±0.013	18.0 ±0.5	1.0 ±0.3	1.5 ±0.5
320 mm 懸垂がいし 400 mm 耐塩用懸垂がいし	47.200 ±0.014	20.0 ±0.5	1.0 ±0.3	1.5 ±0.5
340 mm 懸垂がいし 420 mm 耐塩用懸垂がいし	55.100 ±0.015	22.0 ±0.5	1.0 ±0.3	1.5 ±0.5
380 mm 懸垂がいし	62.900 ±0.016	25.0 ±0.5	1.0 ±0.3	1.5 ±0.5

図 23 －ボールの直径用ピン“止まり”ゲージ

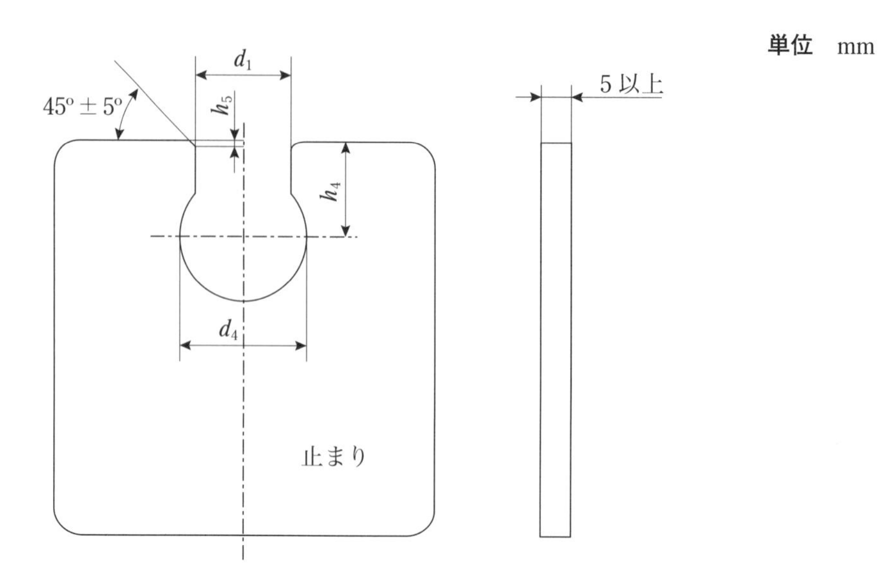

注記　このゲージは，ピンボール部のシャンクの直径を検査するもので，全ての方向に通ってはならない。

単位　mm

適用がいし	d_1	d_4	h_4	h_5
280 mm 懸垂がいし 320 mm 耐塩用懸垂がいし	19.700 ±0.012	25.0 ±0.5	18.0 ±0.5	1.0 ±0.3
320 mm 懸垂がいし 400 mm 耐塩用懸垂がいし	23.600 ±0.012	30.0 ±0.5	23.0 ±0.5	1.0 ±0.3
340 mm 懸垂がいし 420 mm 耐塩用懸垂がいし	27.500 ±0.013	35.0 ±0.5	27.0 ±0.5	1.0 ±0.3
380 mm 懸垂がいし	31.400 ±0.014	40.0 ±0.5	31.0 ±0.5	1.0 ±0.3

図 24 －シャンクの直径用ピン“止まり”ゲージ

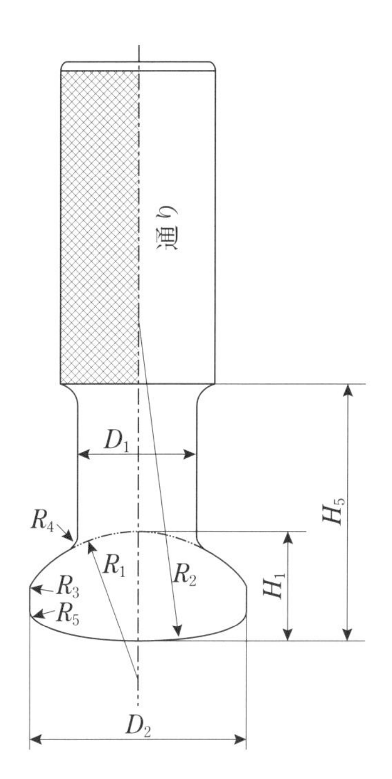

注記　このゲージは，ソケットの入口の高さ，入口の幅及びネックの幅を検査するもので，ボール部がソケット内部に完全に収容されなければならない。

単位　mm

適用がいし	寸法		D_1	D_2	H_1	H_5	R_1	R_2	R_3	R_4	R_5
280 mm 懸垂がいし 320 mm 耐塩用 懸垂がいし	製作時	最大輪郭	23.116	42.630	20.632	50.5	27.066	60.066	6.065	3.442	5.565
		中心輪郭	23.098	42.610	20.606	50.0	27.053	60.053	6.055	3.451	5.555
		最小輪郭	23.080	42.590	20.580	49.5	27.040	60.040	6.045	3.460	5.545
	使用限度		23.000	42.500	20.500	49.0	27.000	60.000	6.000	3.500	5.500
320 mm 懸垂がいし 400 mm 耐塩用 懸垂がいし	製作時	最大輪郭	27.630	51.150	23.652	55.5	40.076	70.076	7.898	3.935	7.898
		中心輪郭	27.610	51.126	23.622	55.0	40.061	70.061	7.881	3.945	7.881
		最小輪郭	27.590	51.102	23.592	54.5	40.046	70.046	7.864	3.955	7.864
	使用限度		27.500	51.000	23.500	54.0	40.000	70.000	7.821	4.000	7.821
340 mm 懸垂がいし 420 mm 耐塩用 懸垂がいし	製作時	最大輪郭	32.144	59.166	26.170	60.5	55.085	80.085	8.083	4.429	10.083
		中心輪郭	32.122	59.138	26.135	60.0	55.067	80.068	8.069	4.440	10.069
		最小輪郭	32.100	59.110	26.100	59.5	55.050	80.050	8.055	4.451	10.055
	使用限度		32.000	59.000	26.000	59.0	55.000	80.000	8.000	4.500	10.000
380 mm 懸垂がいし	製作時	最大輪郭	36.158	67.680	30.190	70.5	70.095	90.095	10.090	4.923	11.890
		中心輪郭	36.134	67.650	30.150	70.0	70.075	90.075	10.075	4.935	11.875
		最小輪郭	36.110	67.620	30.110	69.5	70.055	90.055	10.060	4.947	11.860
	使用限度		36.000	67.500	30.000	69.0	70.000	90.000	10.000	5.000	11.800
注記　ゲージは，最大輪郭と最小輪郭の範囲の寸法で製作し，使用限度に示す寸法を超えない範囲で使用する。											

図 25 − 入口の高さ，入口の幅及びネックの幅用ソケット“通り”ゲージ

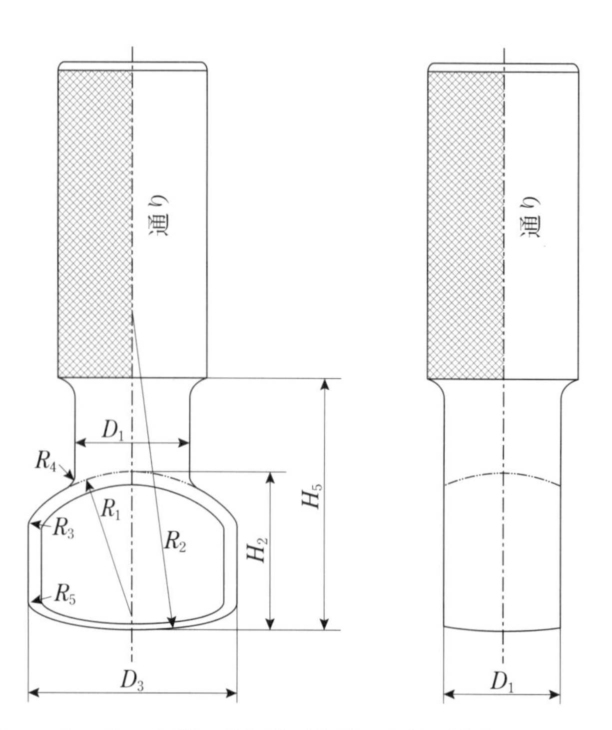

注記　このゲージは，ソケットの内部の高さ及び内部の直径を検査するもので，ボール部がソケット内部で180° 回転できなければならない。

単位　mm

適用がいし	寸法		D_1	D_3	H_2	H_5	R_1	R_2	R_3	R_4	R_5
280 mm 懸垂がいし 320 mm 耐塩用 懸垂がいし	製作時	最大輪郭	23.116	42.630	28.632	50.5	27.066	60.066	6.065	3.442	6.065
		中心輪郭	23.098	42.610	28.606	50.0	27.053	60.053	6.055	3.451	6.055
		最小輪郭	23.080	42.590	28.580	49.5	27.040	60.040	6.045	3.460	6.045
	使用限度		23.000	42.500	28.500	49.0	27.000	60.000	6.000	3.500	6.000
320 mm 懸垂がいし 400 mm 耐塩用 懸垂がいし	製作時	最大輪郭	27.630	51.150	32.652	55.5	40.076	70.076	5.075	3.935	8.075
		中心輪郭	27.610	51.126	32.622	55.0	40.061	70.061	5.063	3.945	8.063
		最小輪郭	27.590	51.102	32.592	54.5	40.046	70.046	5.051	3.955	8.051
	使用限度		27.500	51.000	32.500	54.0	40.000	70.000	5.000	4.000	8.000
340 mm 懸垂がいし 420 mm 耐塩用 懸垂がいし	製作時	最大輪郭	32.144	59.166	36.670	60.5	55.085	80.085	8.083	4.429	8.083
		中心輪郭	32.122	59.138	36.635	60.0	55.067	80.068	8.069	4.440	8.069
		最小輪郭	32.100	59.110	36.600	59.5	55.050	80.050	8.055	4.451	8.055
	使用限度		32.000	59.000	36.500	59.0	55.000	80.000	8.000	4.500	8.000
380 mm 懸垂がいし	製作時	最大輪郭	36.158	67.680	42.190	70.5	70.095	90.095	10.090	4.923	10.090
		中心輪郭	36.134	67.650	42.150	70.0	70.075	90.075	10.075	4.935	10.075
		最小輪郭	36.110	67.620	42.110	69.5	70.055	90.055	10.060	4.947	10.060
	使用限度		36.000	67.500	42.000	69.0	70.000	90.000	10.000	5.000	10.000
注記　ゲージは，最大輪郭と最小輪郭の範囲の寸法で製作し，使用限度に示す寸法を超えない範囲で使用する。											

図 26 －内部の高さ及び内部の直径用ソケット“通り”ゲージ

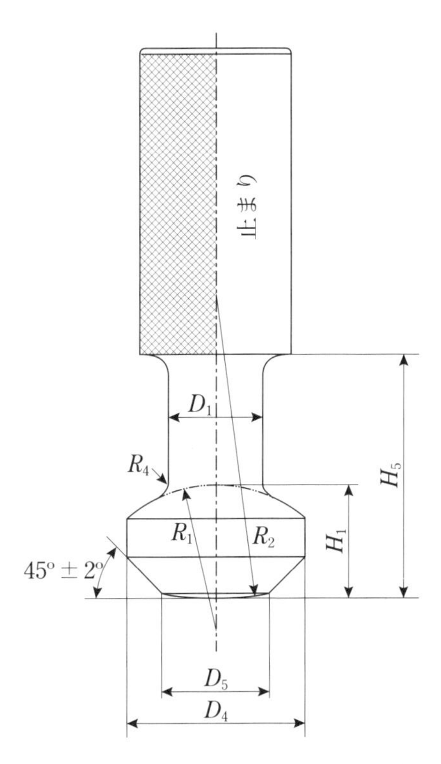

注記 このゲージは，ソケットの入口の高さを検査するもので，ボール部がソケット内部に入ってはならない。

単位 mm

適用がいし	寸法	D_1	D_4	D_5	H_1	H_5	R_1	R_2	R_4
280 mm 懸垂がいし 320 mm 耐塩用懸垂がいし	最大輪郭	19.8	36.1	23.3	22.626	50.5	27.013	60.013	3.8
	中心輪郭	19.7	36.0	23.0	22.600	50.0	27.000	60.000	3.5
	最小輪郭	19.6	35.9	22.7	22.574	49.5	26.987	59.987	3.2
320 mm 懸垂がいし 400 mm 耐塩用懸垂がいし	最大輪郭	23.7	42.1	28.3	26.030	55.5	40.015	70.015	4.3
	中心輪郭	23.6	42.0	28.0	26.000	55.0	40.000	70.000	4.0
	最小輪郭	23.5	41.9	27.7	25.970	54.5	39.985	69.985	3.7
340 mm 懸垂がいし 420 mm 耐塩用懸垂がいし	最大輪郭	27.6	47.1	32.3	28.935	60.5	55.018	80.018	4.8
	中心輪郭	27.5	47.0	32.0	28.900	60.0	55.000	80.000	4.5
	最小輪郭	27.4	46.9	31.7	28.865	59.5	54.982	79.982	4.2
380 mm 懸垂がいし	最大輪郭	31.5	52.1	36.3	33.340	70.5	70.020	90.020	5.3
	中心輪郭	31.4	52.0	36.0	33.300	70.0	70.000	90.000	5.0
	最小輪郭	31.3	51.9	35.7	33.260	69.5	69.980	89.980	4.7

図 27 －入口高さ用ソケット“止まり”ゲージ

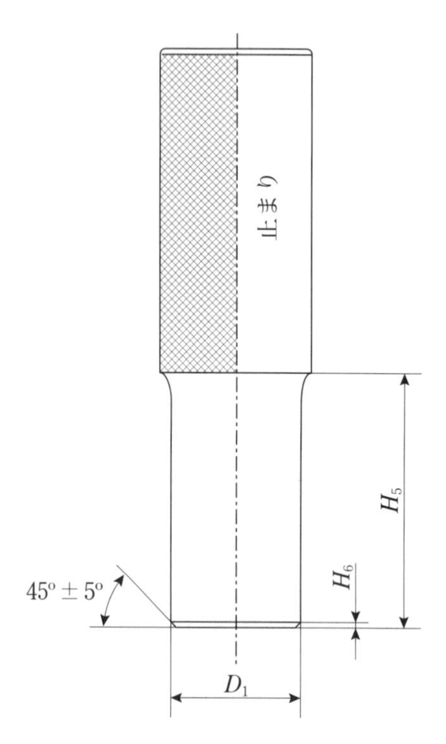

注記　このゲージは，ソケットネックの幅を検査するもので，ネックに入ってはならない。

単位　mm

適用がいし	D_1	H_5	H_6
280 mm 懸垂がいし 320 mm 耐塩用懸垂がいし	25.100 ±0.018	50.0 ±0.5	1.0 ±0.3
320 mm 懸垂がいし 400 mm 耐塩用懸垂がいし	30.000 ±0.020	55.0 ±0.5	1.0 ±0.3
340 mm 懸垂がいし 420 mm 耐塩用懸垂がいし	34.900 ±0.023	60.0 ±0.5	1.0 ±0.3
380 mm 懸垂がいし	39.300 ±0.026	70.0 ±0.5	1.0 ±0.3

図 28 －ネックの幅用ソケット“止まり”ゲージ

JEC-5201：2017
懸垂がいし
解説

この解説は，本体に規定・記載した事柄，並びにこれらに関連した事柄を説明するもので，規格の一部ではない。

1　制定・改正の趣旨及び経緯

1.1　制定の趣旨

この規格は，架空送電線路用がいし装置に使用される懸垂がいしについての仕様を統一し，設計と製造の合理化を図るため，1979年に **JEC-206**-1979（懸垂がいし及び耐塩用懸垂がいし）として制定された。

1.2　前回までの改正の経緯

JEC-206-1979は，2005年に改正され，**JEC-5201**-2005（懸垂がいしおよび耐塩用懸垂がいし）として制定された。制定，改正の経緯を末尾の**解説表4**に示す。

1.3　今回（2017年）改正の趣旨

前回（2005年）改正から10年以上が経過し，規定内容と実態との間に不整合が生じている。今回の改正では，実態を反映して不整合を解消するとともに，規格票の様式：2016に従って全体構成を見直した。

なお，今回の改正に当たっては，2016年4月に電気事業連合会から電気学会 電気規格調査会に対して，これまでの電力会社での適用実態を踏まえた，**JEC-5201**-2005の規格内容への要望事項[1]が提出されたため，併せて審議を行った。

解説注[1]　要望事項は，**解説箇条「2　主な改正点」**の**a)**，**c)**及び**i)**を除く内容。

2　主な改正点

今回（2017年）改正の主な改正点は，次のとおりである。

a)　規格票の様式：2016に従って，全体構成を見直した。

b)　規格票の名称を，「懸垂がいしおよび耐塩用懸垂がいし」から，「懸垂がいし」に変更した。

c)　適用範囲を，「主に交流架空送電線路に使用する懸垂がいし」から，「交流架空電線路並びに発電所，変電所及び開閉所の電路に使用する懸垂がいし」と具体的に記載した。

d)　引用規格を追加した。（**JIS G 3507-1**，**JIS G 3507-2**，**JIS R 2521**，**JIS R 2522**，**JIS Z 9004**）

e)　懸垂がいしの種類から，（一般用）の語句を省略した。また，記号の定義を本体に記載した。

f)　材料の規定に，具体的に指定した材料と同等以上の材料を追加した。

g)　磁器材料として，アルミナ含有磁器を指定した。

h)　コッタ材料として，冷間圧造用炭素鋼を追加した。

i)　検査の種類を，「形式検査，受入検査」の2種類から，「形式検査，ルーチン検査，抜取検査」の3種類とした。（規格票の様式：2016に整合）

j)　形式検査の検査数量を，各項目3個と規定した。

k)　磁器材料判別のための打撃耐荷重試験を，抜取検査の項目から廃止し，形式試験のみに規定した。

l)　キャップクレビス部の寸法のうち，－側許容差を規定していなかった部分の許容差を規定した。

3　規格名称

JEC-206-1979 は，耐塩用懸垂がいしも含め，国内で標準的に使用されていたものを全て一括して規定し，「懸垂がいし及び耐塩用懸垂がいし」として制定された。**JEC-5201**-2005 では，超高圧及び UHV 送電線に用いられている大形，高強度懸垂がいしが新たに規定された。このように規格には多種の懸垂がいしが規定されているが，これらのがいしを総称した規格名称とすることの提案があり，今回（2017 年）改正において，規格名称を「懸垂がいし」に変更した。

4　適用範囲

JEC-206-1979 には，規格の適用される電圧種類が明記されていなかったため，**JEC-5201**-2005 において，**IEC** 規格と同様に，適用範囲が「主に交流架空送電線路に使用する懸垂がいし」であることが明記された。

今回（2017 年）改正において，適用範囲は具体的に示すべきであることから，「交流架空電線路並びに発電所，変電所及び開閉所の電路に使用する懸垂がいし」とした。

5　各構成要素の内容

5.1　規格対象範囲

a）　大形，高強度懸垂がいし

超高圧及び UHV 送電線には，**JEC-206**-1979 に規定されていなかった，340 mm ボールソケット形懸垂がいし（420 kN），380 mm ボールソケット形懸垂がいし（530 kN），400 mm ボールソケット形耐塩用懸垂がいし（330 kN），420 mm ボールソケット形耐塩用懸垂がいし（420 kN）の大形，高強度懸垂がいしが使用されている。

これらの懸垂がいしは，**JEC-206**-1979 が制定された時に一部は商品化され使用されていたものの，使用範囲が限定されていたことから時期尚早として規格化されなかったが，**JEC-5201**-2005 において，使用実績の増加に鑑みて新たに規定された。今回（2017 年）改正では使用状態に変化がないため，**JEC-5201**-2005 を踏襲した。

参考として，本規格，**JEC-5201**-2005，**JEC-206**-1979 及び **JIS C 3810**：1999（懸垂がいし及び耐塩用懸垂がいし）[2)]の各規格に規定されている懸垂がいしの種類を**解説表 1** に示す。

解説注 [2)]　**JIS C 3810**：1999 は，**解説表 1** に示した懸垂がいしを対象に，本体に規格内容が規定されているが，附属書には対応する **IEC** 規格を様式，技術的内容を変更することなくそのまま翻訳して規定しており，適用範囲には「いずれかを一貫として適用する」と規定されている。また，検査の方法（検査数量，抜取方式，合否の判定）については，「受渡当事者間の協定による」として具体的な規定はしていない。

解説表 1 －規格品目比較表

種類	課電破壊荷重 kN	規格		
		JEC-5201	**JEC-206**	**JIS C 3810**
		2005, 2017	1979	1999
250 mm クレビス形懸垂がいし	120	○	○	○
250 mm ボールソケット形懸垂がいし	165	○	○	○
280 mm ボールソケット形懸垂がいし	210	○	○	○
320 mm ボールソケット形懸垂がいし	330	○	○	○
340 mm ボールソケット形懸垂がいし	420	○	－	○
380 mm ボールソケット形懸垂がいし	530	○	－	○
250 mm ボールソケット形耐塩用懸垂がいし	120	○	○	○
250 mm ボールソケット形耐塩用懸垂がいし	165	○	○	○
320 mm ボールソケット形耐塩用懸垂がいし	210	○	○	○
400 mm ボールソケット形耐塩用懸垂がいし	330	○	－	○
420 mm ボールソケット形耐塩用懸垂がいし	420	○	－	－
250 mm 亜鉛スリーブ付クレビス形懸垂がいし	120	○	－	－
250 mm 亜鉛スリーブ付ボールソケット形懸垂がいし	165	○	－	－
280 mm 亜鉛スリーブ付ボールソケット形懸垂がいし	210	○	－	－
320 mm 亜鉛スリーブ付ボールソケット形懸垂がいし	330	○	－	－
340 mm 亜鉛スリーブ付ボールソケット形懸垂がいし	420	○	－	－
380 mm 亜鉛スリーブ付ボールソケット形懸垂がいし	530	○	－	－
250 mm 亜鉛スリーブ付ボールソケット形耐塩用懸垂がいし	120	○	－	－
250 mm 亜鉛スリーブ付ボールソケット形耐塩用懸垂がいし	165	○	－	－
320 mm 亜鉛スリーブ付ボールソケット形耐塩用懸垂がいし	210	○	－	－
400 mm 亜鉛スリーブ付ボールソケット形耐塩用懸垂がいし	330	○	－	－
420 mm 亜鉛スリーブ付ボールソケット形耐塩用懸垂がいし	420	○	－	－
注記 ○印は，規格があることを示す。				

b） 亜鉛スリーブ付懸垂がいし

亜鉛スリーブ付懸垂がいしは，がいし金具（ピン）の漏れ電流流出部に亜鉛スリーブ（陽極性犠牲電極）を設け，電食発生部分をがいし金具から亜鉛スリーブへ肩代わりさせ，がいし金具（ピン）本体の電食を防止したがいしである。亜鉛スリーブ付懸垂がいしの構造を**解説図 1** に示す。このがいしは，直流送電線におけるピン電食対策として適用されていたが，交流送電線においても，汚損地区ではピン電食対策が必要になることがあり，送電設備の信頼性向上の観点から，**JEC-5201**-2005 において規定された。

亜鉛スリーブ付懸垂がいしは，従来のがいしのピンに亜鉛スリーブを装着した構造であり，その他の材料，寸法，電気特性，機械特性は，従来のがいしと同じである。亜鉛スリーブ付懸垂がいしは，従来がいしの記号の末尾に「Z」をつけて区分している。

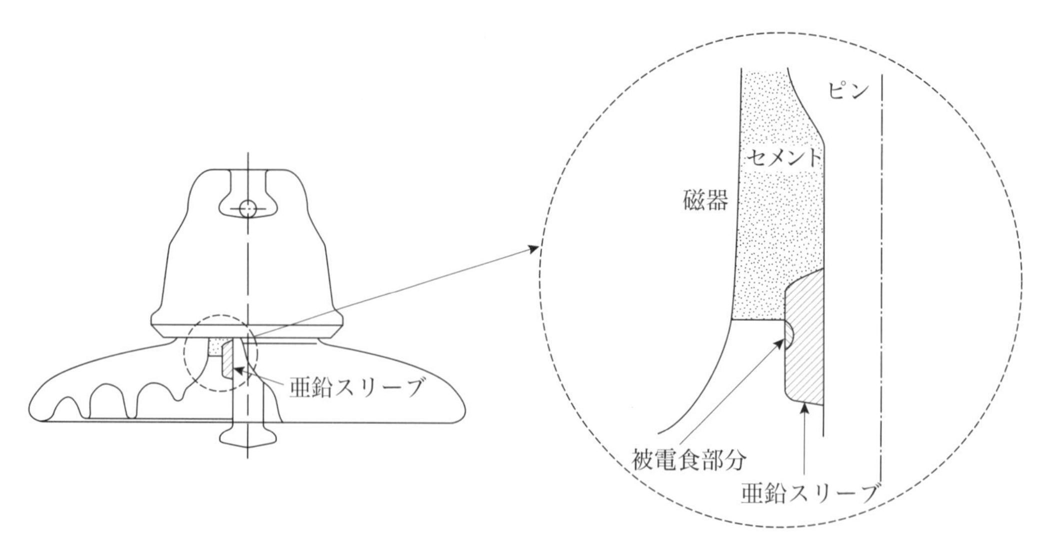

解説図 1 －亜鉛スリーブ付懸垂がいしの構造

5.2　材料

a）全般

本規格において，懸垂がいしに使用する材料は，**本体箇条**「**5.1　材料**」に示すとおり，「**表 3** の材料又はこれと同等以上の材料」と規定し，購入者と製造業者の協議，合意により，**表 3** の材料と同等以上の材料も適用できることとした。これは，製造業者の製造方法などの相違から，同一品番のがいしが同じ材料で製作されるとは限らないこと及び将来現用材料より優れた材料が開発された場合，それらを用いることを可能とする道を開いておくのが望ましいことなどを考慮し，使用材料の指定に幅をもたせたものである。

b）磁器

懸垂がいし用の磁器としては従来一般にいわゆるクリストバライト磁器と呼ばれる普通磁器が用いられてきたが，昭和 44 ～ 45 年頃より主として高強度懸垂がいし用としてアルミナ含有磁器が導入され，一部重要線路などに使用されてきた。アルミナ含有磁器は熱膨張率や内在歪が小さく，がいしのアークによる笠欠け強度の向上やクラック進展性の減少をもたらすことから，使用上の信頼性の向上に結びつく。

JEC-206-1979 規格審議の際には「懸垂がいし用の磁器は将来的にはアルミナ含有磁器に置換される方向性にある。」との認識のもとに，原則的にはアルミナ含有磁器製懸垂がいしを念頭において規格内容の検討が行われた。しかしながら普通磁器製懸垂がいしにも対応し得るようにアルミナ含有磁器製がいしを想定した特別な性能項目を新たに規定することは避けるように配慮された。

JEC-5201-2005 では，磁器材料を確認する試験として，従来参考検査として購入者と製造業者の協議に基づき実施されていた打撃試験を，形式検査及び受入検査の試験項目として規定し，購入者と製造業者の協議に基づき実施することが規定された。

一方，電気事業連合会において，全国の電力会社における磁器材料の適用状況を確認した結果，昭和 50 年代中頃より，架空送電線路用懸垂がいしの磁器として，普通磁器は製造実績がなく，全ての懸垂がいしがアルミナ含有磁器で製造されていることが分かった。普通磁器からアルミナ含有磁器への置換は確実に進展しており，今後購入者が信頼性の低い普通磁器を選択する可能性は極めて低いと考えられることから，架空送電線路用懸垂がいしにはアルミナ含有磁器を標準的に適用することが妥当と判断した。このため，本規格において，磁器材料としてアルミナ含有磁器を指定した。

c）磁器部の釉色

懸垂がいしの磁器の釉色については，普通磁器製懸垂がいしの一般色として白色が，また，アルミナ含有磁器製懸垂がいしの一般色としてライトグレーが用いられてきた。これらの釉色は，従来は使用する磁器の種類を外観上で区分する必要性から使い分けられてきたが，**JEC-206**-1979 規格審議の際には，「今後は懸垂がいし用の磁器はアルミナ含有磁器に移行する方向にある。」との認識のもとに，ライトグレーを標準色として示すことが規定され，**JEC-5201**-2005 でも踏襲された。なお，がいし連における区分用がいし及び環境調和用としてライトグレーを用いることができない場合には，ブラウン（準標準色）又はその他の適当な釉色を用いてもよいとされた。

今回（2017 年）改正では使用状態に変化がないため，**JEC-5201**-2005 を踏襲した。

d）キャップ

キャップ材料としては，**JIS G 5705** に規定する FCMB31-08 と，**JIS G 5502** の FCD400-15 又は FCD450-10 及び FCD500-7（SU-420BN(Z)，SU-530BN(Z)，SU420BF(Z)）とした。球状黒鉛鋳鉄は，強靭な機械的材質と良好な鋳造性によって黒心可鍛鋳鉄品に代わって広い分野で使用されるようになっており，**JEC-206**-1979 においても，これらの技術的進歩を踏まえて黒心可鍛鋳鉄及び球状黒鉛鋳鉄がキャップ材料として規定され，**JEC-5201**-2005 でも踏襲された。

今回（2017 年）改正では使用状態に変化がないため，**JEC-5201**-2005 を踏襲した。

なお，球状黒鉛鋳鉄は，海外の懸垂がいし規格である **ANSI C29.2**（アメリカ規格）及び **CSA C411.1-10**（カナダ規格）の両規格でもキャップ材料として黒心可鍛鋳鉄と並んで認められている。

e）コッタ

本規格では，コッタ材料として **JIS G 3101** に規定する SS490 に加えて，**JIS G 3507-1** に規定する SWRCH25K 又は **JIS G 3507-2** に規定する SWCH25K を新たに規定した。

これは，製造方法の進歩に合わせ，熱間製法よりも製造上の効率化が図れ，同等の強度が発現できる冷間製法に適した冷間圧造用炭素鋼線材がコッタ材料として適用されているため，今回（2017 年）改正で追加した。

f）セメント

懸垂がいしの磁器と金具の組立てには，国内では従来からポルトランドセメントが使用されてきた。**JEC-206**-1979 には，セメントの材料として **JIS R 5210** に規定するポルトランドセメントが規定されている。一方，**IEC** 規格にはセメント材料の規定はなく，世界では主にポルトランドセメント又はアルミナセメントが用いられている。

平成 15 年（2003 年）以降，国内でも懸垂がいしの組立てに，従来のポルトランドセメントに加えてアルミナセメントも用いられるようになり，アルミナセメントで組み立てた懸垂がいしの使用実績ができていることから，**JEC-5201**-2005 では，セメント材料としてアルミナセメントが新たに規定された。

アルミナセメントは，旧 **JIS R 2511**（耐火物用アルミナセメント）で規定されていた。しかし，この規格は，「当該セメントが主に耐火物業界でのみ使用されているため，国が維持，管理する汎用規格としては必要ない」との理由により，平成 12 年 6 月 20 日に廃止されている。ただし，旧 **JIS R 2511** で引用されているアルミナセメントの試験，分析方法に関する **JIS R 2521** 及び **JIS R 2522** は存続しており，アルミナセメントの需要，供給に変わりはない。

旧 **JIS R 2511** には，1 種～5 種の 5 種類のアルミナセメントが規定されており，懸垂がいしの組立てには「3 種」相当品が使用されている。廃止規格を引用することはできないため，**JEC-5201**-2005

では，アルミナセメントの規定は，旧 **JIS R 2511** に規定されていた「3 種」の化学成分などが具体的に記載された。

今回（2017 年）改正では使用状態に変化がないため，**JEC-5201**-2005 を踏襲した。

g）溶融亜鉛-アルミニウム合金めっき

溶融亜鉛-アルミニウム合金めっきは，約 5 % のアルミニウムを含んだ溶融亜鉛合金めっきで，現行の溶融亜鉛めっきよりも高い耐食性を有している。この溶融亜鉛-アルミニウム合金めっきをがいし用金具（キャップ，コッタ）に適用し，耐食性を向上した懸垂がいしが商品化され，海岸近傍や工業地帯の重腐食環境地区の一部で使用されている。

溶融亜鉛-アルミニウム合金めっきを適用した懸垂がいしは，今後使用範囲は拡大するものと予想されるが，現段階では使用範囲は限定されているので，規格化は時期尚早と判断し，本規格には含めなかった。

5.3　形状及び寸法

a）キャップクレビス部の寸法

JEC-206-1979 では，キャップクレビス部の寸法は，連結に必要な最小限度を規定するにとどめ，互換性に関係のないクレビスの耳の厚さ及び高さは，一方許容差（＋側を 0 とし，－側は特に規定しない）として，技術向上により寸法を縮小できるように配慮されており，**JEC-5201**-2005 においてもそれを踏襲した。

今回（2017 年）改正に当たり，クレビスの耳の厚さ及び高さの寸法の実態を確認し，本規格では，－側許容差も規定してキャップクレビス部の寸法を明確にした。

b）連結長許容差

懸垂がいしの連結長許容差は，アークホーン間隔の調整又はプレハブ架線工法への対応上必要な規格値である。**JEC-206**-1979 及び **JEC-5201**-2005 では，規格対象がいし全般の連結長許容差については相対的にバランスがとれるよう規定された。今回（2017 年）改正では状況に変化がないため，**JEC-5201**-2005 を踏襲した。

参考として，本規格と **IEC** 規格で規定されている許容差を**解説図 2** に示す。本規格では，**IEC** 規格に比べて小さい連結長許容差を規定している

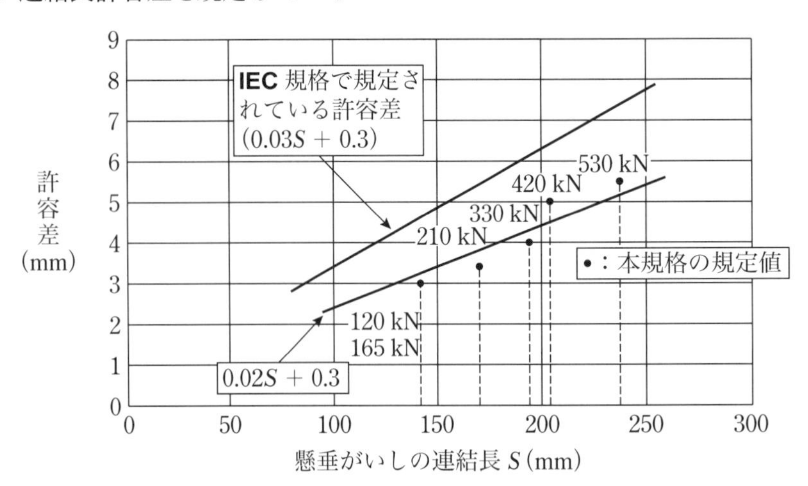

解説図 2 －懸垂がいしの連結長許容差の関係

c）ボールソケット形懸垂がいし用割りピンの標準寸法

ボールソケット形懸垂がいしの割りピンの標準寸法は，**JEC-206**-1979 で規定されていた懸垂がいし

については従来の寸法を採用し，**JEC-5201**-2005で新たに規定された340 mmボールソケット形懸垂がいし（420 kN），380 mmボールソケット形懸垂がいし（530 kN），400 mmボールソケット形耐塩用懸垂がいし（330 kN），420 mmボールソケット形耐塩用懸垂がいし（420 kN）には，**IEC 60372**：1984, Amendment 1:1991，Amendment 2:2003に規定されている寸法が採用された。今回（2017年）改正では使用状態に変化がないため，**JEC-5201**-2005を踏襲した。

参考として，本規格と**IEC**規格に規定された割りピンの標準寸法の比較を**解説表2**に示す。

なお，従来寸法割りピンを装着したボールソケットと**IEC**規格割りピンを装着したボールソケットは相互に互換性があることから，従来寸法割りピンを寸法系列A，**IEC**規格割りピンを寸法系列Bとして規定している（**図13**）。

解説表2 －本規格とIEC規格との割りピン寸法比較表

がいしの種類	課電破壊荷重	記号	割りピン孔径 mm		割りピン寸法 mm					
			IEC規格	本規格	*A* × *B*		*C*		*D*	
					IEC規格	本規格	**IEC**規格	本規格	**IEC**規格	本規格
250 mm耐塩用懸垂がいし	120 kN	SU-120BF	ϕ9.5	ϕ8	5.5 × 3.2	5.5 × 3	14.5	13	65	60
250 mm懸垂がいし 250 mm耐塩用懸垂がいし	165 kN	SU-165BN SU-165BF	ϕ9.5	ϕ8	5.5 × 3.2	5.5 × 3	14.5	13	65	70
280 mm懸垂がいし 320 mm耐塩用懸垂がいし	210 kN	SU-210BN SU-210BF	ϕ10	ϕ10.5	7 × 3.2	7.5 × 4	16.4	18	80	85
320 mm懸垂がいし 400 mm耐塩用懸垂がいし	330 kN	SU-330BN SU-330BF	ϕ12	ϕ12	8.7 × 4	8.7 × 4.5	20	21	100	105
340 mm懸垂がいし 420 mm耐塩用懸垂がいし	420 kN	SU-420BN SU-420BF	ϕ13		10 × 4.5		22.5		110	
380 mm懸垂がいし	530 kN	SU-530BN	ϕ15		11.5 × 5.2		26		125	

5.4　性能

a）表面漏れ距離

JEC-206-1979規格審議の際には，懸垂がいしの表面漏れ距離は**JIS**を始めとする国内の従来規格には一般に規定されていなかった。しかしながらがいし装置の絶縁設計においては，耐汚損設計が決定要素になることが多く，がいしの耐汚損特性に密接な相関性をもつ表面漏れ距離は，その使用性能を規定する上で極めて重要な因子である。また，懸垂がいしとそれに対応する耐塩用懸垂がいしとは具体的にその相互の区分を明確に表す因子は表面漏れ距離であり，一括規格として両者を併記する場合は表面漏れ距離を規定することが望ましい。

JEC-206-1979では以上のような考え方に立ち，**ANSI**規格，**BS**（イギリス規格），**IEC**規格などの諸規格では表面漏れ距離を一般的に規定している点も勘案して，新たに表面漏れ距離が規定され，**JEC-5201**-2005においても踏襲された。

今回（2017年）改正では状況に変化がないため，**JEC-5201**-2005を踏襲した。

b）亜鉛めっき

JEC-206-1979には，亜鉛めっきの試験として，付着量試験と硫酸銅法による均一性試験が規定されていた。しかし，均一性試験で使用する硫酸銅は，環境面から，その使用，取扱いが厳しく管理されるようになっている。**IEC 60383-1** は，1993 年の改正で均一性試験を廃止し，付着量試験のみを規定している。

過去の試験結果では，付着量が規格値を満足している場合，硫酸銅法による均一性試験は問題なく合格しており，均一性を十分満足することが確認されている。この実績に基づき，**JEC-5201**-2005 では，環境面への配慮及び **IEC** 規格との整合を勘案し，硫酸銅法による均一性試験を廃止した。

c）引張耐荷重

全数検査としての懸垂がいしの引張耐荷重は，国内の従来規格では全て課電破壊荷重の 1/3 に定められていたが，**JEC-206**-1979 では，欠陥検出精度を改善するため，課電破壊荷重の 40％に上げられた。当時は，**IEC** 規格でも課電破壊荷重の 40％と定められていた。また，引張耐荷重を課電破壊荷重の 40％に上げてもめっきなど製品性能に悪影響を及ぼすことはない。

なお，現行の **IEC 60383-1**：1993 には，課電破壊荷重の 50％が規定されている。国内と海外では安全率の考え方が異なること及び従来課電破壊荷重の 40％で引張耐荷重試験を実施し良好な実績があることから，**JEC-5201**-2005 においても **JEC-206**-1979 を踏襲し 40％が規定された。

今回（2017 年）改正では状況に変化がないため，**JEC-5201**-2005 を踏襲した。

d）打撃耐荷重

1） 試験開発の経緯

昭和 45 年（1970 年）に，高強度懸垂がいし用としてアルミナ含有磁器の適用が開始された。アルミナ含有磁器は，優れた耐アーク性能によりアークホーンが簡素化できること及び工事中のきずが進展しにくいという特長があり適用が拡大した。当初は従来の普通磁器とアルミナ含有磁器が併用されていたことから，受入検査において磁器材料を確認する必要があった。アルミナ含有磁器は，耐アーク試験により普通磁器と区別することができる[3)]。しかし，耐アーク試験は大規模であり時間と費用がかかることから，受入検査での簡便な判別方法として，笠部裏面の内側より 2 番目のリブ先端を鋼製端子で打撃する「打撃耐荷重試験」が開発された。

解説注 3) 普通磁器とアルミナ含有磁器の耐アーク特性は，例えば，電気協同研究，第 34 巻第 2 号，送電用がいし装置（昭和 53 年 9 月），第 7 章（がいし）に示されている。

2） 試験の規格化

打撃耐荷重試験は，参考検査の一つの項目として購入者と製造業者の協議により実施されてきた。**JEC-5201**-2005 において，参考検査の廃止に伴い，打撃耐荷重試験の取扱いについて審議した結果，新規製造業者からの購入を考慮すると，磁器材質，打撃強度を評価する何らかの試験が必要との結論に達し，打撃耐荷重試験が形式検査及び受入検査の試験項目として新たに規定された。従来から多くの実績があり受入検査の成績も妥当なものと考えられる場合には，検査の効率及び経済性を配慮し試験を省略してもよいこととし，試験の実施については原則的に購入者と製造業者の協議によるものとされた。その後，架空送電線路用懸垂がいしの磁器材料が普通磁器からアルミナ含有磁器への置換が確実に進展していることを確認したことにより，本規格では，形式検査のみに規定することとした。

ただし，打撃耐荷重試験はあくまでも簡便法であり耐アーク性能を確認する試験ではないこと，及び耐アーク性能は磁器材料だけでなくがいしの形状にも依存するため，新規製品を購入の場合は，耐アーク試験による性能確認を行うことが望ましいと考えられる。

5.5　検査

a）検査の種類

JEC-5201-2005では，検査の種類として形式検査，受入検査が規定されており，受入検査は全数による検査及び抜取りによる検査の2種類とされていた。本規格では，規格票の様式：2016に従い，受入検査のうち全数による検査をルーチン検査，抜取りによる検査を抜取検査とし，検査の種類は形式検査，ルーチン検査，抜取検査の3種類とした。

b）形式検査

形式検査の数量は，購入者と製造業者の協議によることとしているが，その実態を調査した結果，各項目3個で実施されていることが確認され，本規格において，各項目3個と規定した。

c）抜取検査

JEC-206-1979規格審議の際には，懸垂がいしの抜取検査の抜取個数及び判定方法は，一般規格には規定がなく，購入者及び製造業者間の協定によっているのが実情であった。この協定内容は大筋では大体一致しているが細部において相違しているところもあり，また，どのような品質水準を狙っているものか不明確な点もあった。

JEC-206-1979制定に際しては，この点についても審議を行い，全国的に同水準の合否判定が可能で，しかも狙いとする品質水準を明確化した新しい抜取判定方式を規定することが望ましいとの結論のもとに種々検討を行って**JEC-206**-1979に示したような抜取判定方式が規定された。**JEC-206-**1979の規定内容が従来規格と最も大きく異なる点は，課電破壊荷重の合否判定に計量抜取方式を導入したことであるが，これは合格品質水準（AQL）を厳しく設定し，できるだけ少ない抜取個数でロット判定を行いたい場合には従来の計数抜取方式によるより計量抜取方式によるほうが有利であるとの考え方によるものである。なお，**ANSI**規格は以前より課電破壊荷重試験に対して計量抜取方式を適用しており，**IEC**規格は，1993年に改正，発行された**IEC 60383-1**：1993に「計量抜取方式」が導入された。

JEC-206-1979で規定した抜取判定方式は，

課電破壊荷重試験：**JIS Z 9004**の，$P_0 = 1.5\,\%$，$\alpha = 0.05$

その他の項目　　：**JIS Z 9015-1**の，AQL ＝ 4.0 %，検査水準S-4

に基づいて定めたものである。従来一般に行われている抜取判定方式はAQLを一律にして決めているものではないが，実質的にはAQL ＝ 3.3 〜 4.3 %程度に相当しているものと考えられ，計数抜取項目に対して規定したAQL ＝ 4.0 %はほぼ妥当な値と考えられる。課電破壊荷重に対するP_0（概念的にはAQLと同じ）を1.5 %としたのは懸垂がいしにとっては課電破壊荷重が特に重要な特性であり，他の項目より高い信頼性が要求されると考えられたこと，**ANSI**規格，**IEC**規格などの他規格の例を見た場合，実際に適用されているAQLとしては1.5 %が最もきびしいものであること，などを配慮したものである。**JEC-206**-1979で導入されたこの抜取判定方式は，**JEC-5201**-2005でも踏襲され良好な運用実績があることから，本規格においても同じ抜取判定方式を規定した。

なお，本規格に示した**表7**の検査の厳しさのいずれを適用するかについては，本規格に明記したように原則的に購入者と製造業者との協議によるものとしたが，従来から多くの実績があり抜取検査の成績も妥当なものと考えられる場合には，検査の効率及び経済性に配慮して**表7**のゆるい検査を適用することができる。

d）抜取検査で不適合品が発生した場合の処置

前回（2005年）改正時，**JEC-206**-1979は，制定以降25年が経過し，懸垂がいしの抜取検査に要求される品質水準（抜取検査において許容される不適合個数）について，現状と乖離が見られるとの意見提起がなされた。長年にわたる製造業者と購入者の品質向上努力により，**JEC-206**-1979 の抜取検査で規定されている合格品質水準（AQL）に比べて高品質な製品が提供されており，製品の品質レベルと規格の AQL に差がある。これについて，アンケートなどによる実態調査，関連他規格の調査などを行い，製品価格への影響などにも配慮して，慎重に審議を行った。その結果，現状に即した判定基準として，「不適合品発生時の対応について，原因調査の要否を購入者と製造業者で協議すること及び致命的な不適合品が発生した場合のロットの取扱いを購入者と製造業者で協議すること」及び「致命的な不適合発生時の対応方法については，**JIS Z 9015-0** の **2.15** 及び **JIS Z 9015-1** の **7.5** に基づくこと」が，**JEC-5201**-2005 において新たに規定された。

今回（2017 年）改正では状況に変化がないため，**JEC-5201**-2005 を踏襲した。

6　国際規格（IEC）との整合

JEC-206-1979 は，**IEC** 規格との整合を配慮して制定されたが，懸垂がいしの強度系列，連結部の金具寸法，表面漏れ距離について，一部 **IEC** 規格と相違がある。前回（2005 年）改正で **IEC** 規格との整合を審議した結果，**JEC-206**-1979 は国内に完全に定着しており，寸法，機械特性及び電気特性が異なる **IEC** 規格への全面的な変更は，互換性の観点から困難であることから，懸垂がいしの強度系列，連結部の金具寸法，表面漏れ距離については **JEC-206**-1979 の内容を踏襲し，その他の部分はできるだけ **IEC** 規格と整合させることとされた。

JEC-5201-2005 では，課電破壊荷重及び引張耐荷重の単位表記を国際単位系（SI）に統一した。なお，国際単位系での規格値は，**IEC 60305**：1995 にできる限り合わせ，切りの良い数値とした。すなわち，12 000 kgf（117.6 kN）及び 21 000 kgf（205.8 kN）がいしは，それぞれ **IEC** 規格の強度系列にある 120 kN（12 200 kgf）及び 210 kN（21 400 kgf）とされた。

また，16 500 kgf（161.7 kN）及び 33 000 kgf（323.4 kN）がいしに相当する **IEC** 規格の強度系列はそれぞれ 160 kN 及び 300 kN であるが，これを採用すると **JEC-206**-1979 の規格値より強度低下が生じるため，それぞれ 165 kN（16 800 kgf）及び 330 kN（33 700 kgf）とされた。

この変更によってがいしの強度規格値は従来に比べ 2 % 程度高くなるが，国内で使用されている製品の裕度の範囲内であり，これによって設計を変更する必要はない。

今回（2017 年）改正では状況に変化がないため，**JEC-5201**-2005 を踏襲した。

本規格と **IEC** 規格の規定内容の比較を参考に**解説表 3** に示す。

なお，**IEC** 規格では，がいしの劣化や劣化率など経年品質の評価につながる試験法の導入が望ましいとの立場から，**解説図 3** に示すような荷重変化と温度変化を同時に加える，いわゆる温度 - 機械荷重試験（Thermal-mechanical performance test）を規定している。

しかし，我が国で一般的に使用される懸垂がいしの劣化率は 0.002 % 程度（昭和 53 年 9 月 電気協同研究 第 34 巻 2 号「送電用がいし装置」記載）と極めて小さく，この程度の割合のものを事前にチェックするのは至難であるので，この種の試験の導入は不必要であると考えられるが，海外の一部で上記のような動きがでているということを知る意味で参考として紹介しておく。

解説表 3 －本規格と IEC 規格との対比一覧表

項目	本規格	IEC 規格
1. 規格番号	**JEC 5201**：2017「懸垂がいし」 引用規格： **JIS C 3801-1**：1999「がいし試験方法－第 1 部：架空線路用がいし」 **JIS C 3802**：1964「電気用磁器類の外観検査」	**IEC 60305**：1995「公称電圧が 1000 V を超える架空線路用がいし－交流系統用セラミック又はガラスがいしユニット－懸垂がいしユニットの特性」 引用規格： **IEC 60120**：1984「連用がいしユニットのボールソケットカップリングの寸法」 **IEC 60372**：1984「連用がいしユニットのボールソケットカップリング用ロック装置」－寸法及び試験，Amendment.1:1991, Amendment.2:2003 **IEC 60383-1**：1993「公称電圧が 1000V を超える架空線路用がいし－第 1 部：交流系統用セラミック又はガラスがいしユニット－定義，試験方法及び判定基準」 **IEC 60471**：1977「連用がいしユニットのクレビスタングカップリングの寸法」，Amendment.1:1980
2. 概要	寸法諸元，具体的特性値を全て規定し，本規格に基づけば製造業者にかかわらず相互の互換性が得られることはもとより，同等の性能，品質及び材料の懸垂がいしが得られることを前提としている。	強度，連結長及び連結部寸法につき具体的規定が行われているほか，外径及び表面漏れ距離について大枠が決められている。使用材料については決められていない。これにより，互換性は保たれるが連結部寸法，連結長以外の細部寸法，使用材料及び強度以外の性能は全て製造業者に自由度が与えられている。
3. 強度系列	120, 165, 210, 330, 420, 530（kN）	40, 70, 100, 120, 160, 210, 300, 400, 530（kN）
4. 試験及び検査項目	本文参照	製品規格 **IEC 60305** には，試験，検査項目について規定されておらず，試験規格 **IEC 60383-1** に適用すべき試験，検査項目が規定されている。**IEC** 規格では，本規格に規定以外の項目として温度－機械荷重試験，偏心及び割りピン引抜き強度について規定されている。また，全数検査としての商用周波電圧，高周波電圧試験は，いずれかを実施することが規定されている。亜鉛めっきについては，付着量試験のみが規定されている。

解説表 3 －本規格と IEC 規格との対比一覧表（続き）

項目	本規格	IEC 規格
5. 性能の規定		
(1) 冷熱	温度差 90 K	温度差 70 K
(2) 吸湿	9.8×10^6 N/m^2，4 時間	15×10^6 N/m^2，12 時間
(3) 亜鉛めっき・付着量	平均値：規定なし 最小値：500 g/m^2	平均値：600 g/m^2 以上 最小値：500 g/m^2 以上
(4) 引張耐荷重	課電破壊荷重規格値の 40 %，10 秒	課電破壊荷重規格値の 50 %，3 秒
(5) 商用周波電圧試験	規定の電圧を 2 分間印加する。この際，瞬時的なフラッシオーバを起こしてもよい。	散発的又は時折（数秒ごとに）フラッシオーバを起こす電圧を連続 3 ～ 5 分間印加する。
(6) 外観	欠陥部の大きさと数量で規定	釉薬不良の面積で規定
(7) 雷インパルス耐電圧 (8) 商用周波注水耐電圧	単体で実施 がいしの種類ごとに電圧値を規定	5 個連以上，1.5 m 以下で実施 電圧値規定なし
(9) 課電破壊荷重	商用周波注水耐電圧値を印加し，規格値以下で破壊しないこと。かつ次の合格判定係数以上であること。 抜取個数　：5　8　13　20　32 合格判定係数：1.18　1.36　1.51　1.62　1.72	商用周波注水耐電圧値を印加し，次の合格判定係数以上であること。 抜取個数　：4　8　12 合格判定係数：1.00　1.42　1.70
(10) 表面漏れ距離（l）の許容差	規格値以上	$\pm(0.04l + 1.5)$ mm
(11) 寸法の許容差 ・連結長（S） ・笠　径（d）	 個別に規定：約 $\pm(0.02S + 0.3)$ mm 個別に規定：約 $\pm(0.03d + 2.0)$ mm	 $\pm(0.03S + 0.3)$ mm $d \leqq 300$, $\pm(0.04d + 1.5)$ mm $d > 300$, $\pm(0.025d + 6.0)$ mm
(12) 検査個数	形式検査：各 3 個 抜取検査：ロットの大きさ（N）により規定 ただし課電破壊荷重は最低 5 個	形式検査：各 10 個又は 1 連 抜取検査：ロットの大きさ（N）により規定

（本規格）

検査の種類	ゆるい	なみ	きつい
$N =$ 1 ～ 15	（協議による）		
$N =$ 16 ～ 90	2	3	5
$N =$ 91 ～ 500	5	8	13
$N =$ 501 ～ 1 200	5	13	13
$N =$ 1 201 ～ 10 000	8	20	20
$N =$ 10 001 ～ 35 000	13	32	32

（IEC 規格）

検査の種類	E1	E2
$N \leqq$ 300	（協議による）	
$N \leqq$ 2 000	4	3
$N \leqq$ 5 000	8	4
$N \leqq$ 10 000	12	6

E1：課電破壊荷重，吸湿
E2：亜鉛めっき，商用周波油中破壊電圧，表面漏れ距離，割りピン
E1＋E2：上記以外の試験

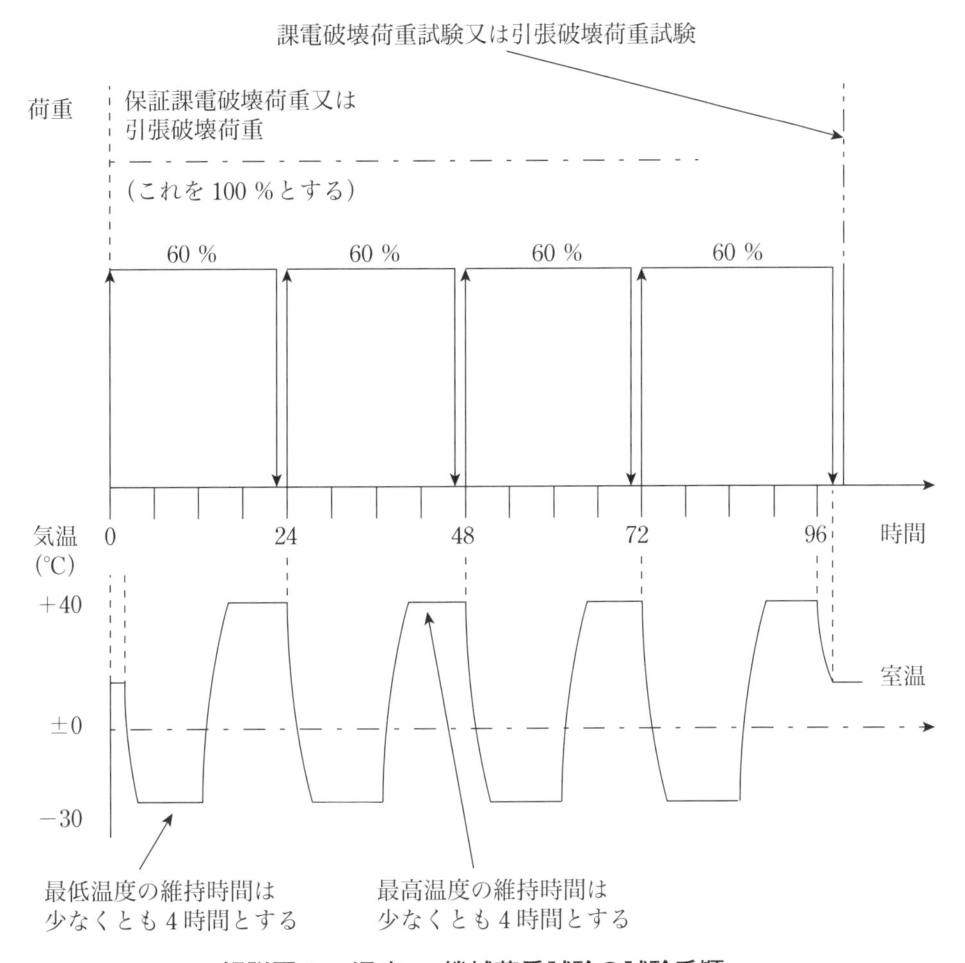

解説図 3 －温度 － 機械荷重試験の試験手順

解説表 4 －制定，改正の経緯

制定 改正	西暦年	規格番号 名称	要点
制定	1979	**JEC-206** 懸垂がいし及び耐塩用懸垂がいし	送電用がいし装置に使用されているがいし及び架線金具についての仕様を統一し，設計と製造の合理化を図るため，昭和 48 年 2 月「電気学会送配電常置委員会」及び「電気学会電線常置委員会」の合同幹事会において，懸垂がいしと送電用架線金具の **JEC** 規格制定を行うことが決められた。 昭和 48 年 2 月，電気学会 電気規格調査会は電気協同研究会あてに懸垂がいし（21 000 kgf 及び 30 000 kgf の制定）及び送電用架線金具の品目を **JEC** 規格として制定するための参考資料作成方を依頼した。 昭和 48 年 8 月，電気協同研究会は，送電用がいし装置専門委員会設立準備打合せ会を開催し，引き続き送電用がいし装置専門委員会を発足させ，がいし及び架線金具の規格に関する資料作成に着手し，これらの検討が進められた。 同委員会設立当初，懸垂がいしの規格検討範囲は，課電破壊荷重 21 000 kgf 及び 30 000 kgf としていた。ところがその後 21 000 kgf のものが，**JEC** 規格制定に先行して昭和 49 年に **JIS** で制定されたこと及び 30 000 kgf のものに代わり 33 000 kgf の方の使用頻度が高くなってきたことなどの情勢変化並びに懸垂がいしの規格は耐塩用がいしを含めて一括して規定するのが望ましいとの要請があったため，12 000 kgf から 33 000 kgf の懸垂がいしと，12 000 kgf から 21 000 kgf までの耐塩用懸垂がいしを一括して，規格制定資料を作成するものとした。 **JEC** 規格制定のための検討が精力的に進められ，その検討結果が参考資料として昭和 53 年 4 月電気規格調査会へ提示された。 これを受け，昭和 53 年 9 月電気規格調査会は送配電常置委員会内に「架空送電線用がいし及び架線金具標準特別委員会」を設置した。 同委員会は上記参考資料を詳細に検討し，慎重審議の結果，昭和 53 年 12 月 **JEC** 規格案の最終成案を得，昭和 54 年 5 月 16 日電気規格調査会規格委員総会の承認を経て確定したものである。
改正	2005	**JEC-5201** 懸垂がいしおよび耐塩用懸垂がいし	電気学会 懸垂がいし及び耐塩用懸垂がいし標準特別委員会において，2003 年 4 月に **JEC-206**-1979 の改正作業が着手され，2005 年 2 月に成案を得，2005 年 5 月 24 日に電気規格調査会規格委員総会の承認を経て，**JEC-5201**-2005 として制定された。主な改正点は，次のとおりである。 **1.** 適用範囲を，交流架空送電線路用とし交流用であることを明確にした。 **2.** セメント材料として，アルミナセメントを新たに規定した。 **3.** 340, 380 mm ボールソケット形懸垂がいし及び 400, 420 mm ボールソケット形耐塩用懸垂がいしを新たに規定した。 **4.** 亜鉛スリーブ付懸垂がいしを新たに規定した。 **5.** 課電破壊荷重及び引張耐荷重の単位を国際単位系（SI）に統一した。 **6.** 参考検査を廃止し，従来参考検査の位置づけで実施していた磁器材質を確認するための打撃耐荷重試験を，形式検査，受入検査の項目として新たに規定した。 **7.** 亜鉛めっきの均一性試験を廃止し，付着量試験に一本化した。参考として，膜厚測定値から付着量を求める式を示した。 **8.** 受入検査において不適合品が発生した場合の処置を新たに規定した。

7 標準特別委員会名及び名簿

委員会名：懸垂がいし及び耐塩用懸垂がいし標準特別委員会

委 員 長　高須　和彦
幹　　事　中後　浩一郎（日本ネットワークサポート）
　同　　　藤井　治　　（日本ガイシ）
　同　　　村田　秀樹　（中部電力）
委　　員　市川　武夫　（日本電磁器協会）
　同　　　大久保　仁　（愛知工業大学）
　同　　　河村　達雄　（東京大学）
　同　　　坂元　博樹　（日本カタン）
　同　　　迫口　浩治　（香蘭社）
委　　員　杉山　浩司　（電気事業連合会）
　同　　　鈴木　敏彦　（東日本旅客鉄道）
　同　　　西川　栄一　（関西電力）
　同　　　水本　登志雄（TDM）
　同　　　三塚　洋明　（東京電力パワーグリッド）
　同　　　屋地　康平　（電力中央研究所）
幹事補佐　本田　光洋　（日本ガイシ）
途中退任幹事　清水　延彦　（中部電力）

8 標準化委員会名及び名簿

委員会名：がいし標準化委員会

委 員 長　高須　和彦
幹　　事　伊東　啓太　（三菱電機）
　同　　　小林　隆幸　（東京電力パワーグリッド）
　同　　　藤井　治　　（日本ガイシ）
　同　　　屋地　康平　（電力中央研究所）
委　　員　石井　貴　　（東芝）
　同　　　市川　武夫　（日本電磁器協会）
　同　　　一木　将人　（関西電力）
　同　　　大山　友幸　（東光高岳）
　同　　　柏倉　勝　　（日立製作所）
委　　員　河村　達雄　（東京大学（名誉教授））
　同　　　坂元　博樹　（日本カタン）
　同　　　笹森　健次　（三菱電機）
　同　　　鈴木　敏彦　（東日本旅客鉄道）
　同　　　中後　浩一郎（日本ネットワークサポート）
　同　　　成田　俊一　（明電舎）
　同　　　水本　登志雄（TDM）
　同　　　村田　秀樹　（中部電力）
幹事補佐　林　朋宏　　（日本ガイシ）

9 部会名及び名簿

部会名：送配電部会

部 会 長　太田　浩　　（東京電力パワーグリッド）
副部会長　大田　貴之　（関西電力）
　同　　　八木　裕治郎（富士電機）
委　　員　足立　和郎　（電力中央研究所）
　同　　　岡部　成光　（東京電力ホールディングス）
　同　　　腰塚　正　　（東京電機大学）
　同　　　境　武久　　（三菱電機）
　同　　　坂本　雄吉　（工学気象研究所）
　同　　　佐藤　育子　（東京電力パワーグリッド）
　同　　　渋谷　昇　　（拓殖大学）
委　　員　高須　和彦
　同　　　高山　純　　（中部電力）
　同　　　西村　誠介　（横浜国立大学（名誉教授））
　同　　　東田　修一　（古河電工パワーシステムズ）
　同　　　日髙　邦彦　（東京大学）
　同　　　三戸　雅隆　（フジクラ）
　同　　　山川　卓　　（電源開発）
　同　　　横山　明彦　（東京大学）
幹事補佐　浜田　祐太　（東京電力）

10 電気規格調査会名簿

会　　長　大木　義路　（早稲田大学）
副 会 長　塩原　亮一　（日立製作所）

副会長　清水　敏久　（首都大学東京）
理　事　伊藤　和雄　（電源開発）
同　大田　貴之　（関西電力）
同　田中　一彦　（日本電機工業会）
同　太田　浩　（東京電力パワーグリッド）
同　勝山　実　（東芝）
同　金子　英治　（琉球大学）
同　大高　晋子　（明電舎）
同　竹中　章二　（東芝）
同　石井　登　（古河電気工業）
同　藤井　治　（日本ガイシ）
同　三木　一郎　（明治大学）
同　八木　裕治郎（富士電機）
同　八坂　保弘　（日立製作所）
同　八島　政史　（電力中央研究所）
同　山野　芳昭　（千葉大学）
同　山本　俊二　（三菱電機）
同　吉野　輝雄　（東芝三菱電機産業システム）
同　西林　寿治　（電源開発）
同　中本　哲哉　（学会研究調査担当副会長）
同　福井　伸太　（学会研究調査担当理事）
同　酒井　祐之　（学会専務理事）
2号委員　奥村　浩士　（元京都大学）
同　斎藤　浩海　（東北大学）
同　塩野　光弘　（日本大学）
同　堀坂　和秀　（経済産業省）
同　井相田　益弘（国土交通省）
同　大和田野芳郎（産業技術総合研究所）
同　高橋　紹大　（電力中央研究所）
同　中村　満　（北海道電力）
同　春浪　隆夫　（東北電力）
同　棚田　一也　（北陸電力）
同　伊藤　久徳　（中部電力）
同　水津　卓也　（中国電力）
同　川原　央　（四国電力）
同　岡松　宏治　（九州電力）
同　市村　泰規　（日本原子力発電）
同　留岡　正男　（東京地下鉄）
同　山本　康裕　（東日本旅客鉄道）
同　石井　登　（古河電気工業）
2号委員　出野　市郎　（日本電設工業）
同　小黒　龍一　（ニッキ）
同　筒井　幸雄　（安川電機）
同　堀越　和彦　（日新電機）
同　松村　基史　（富士電機）
同　佐伯　憲一　（新日鐵住金）
同　吉田　学　（フジクラ）
同　荒川　嘉孝　（日本電気協会）
同　内橋　聖明　（日本照明工業会）
同　加曽利　久夫（日本電気計器検定所）
同　高坂　秀世　（日本電線工業会）
同　島村　正彦　（日本電気計測器工業会）
3号委員　小野　靖　（電気専門用語）
同　手塚　政俊　（電力量計）
同　佐藤　賢　（計器用変成器）
同　伊藤　和雄　（電力用通信）
同　中山　淳　（計測安全）
同　山田　達司　（電磁計測）
同　前田　隆文　（保護リレー装置）
同　合田　忠弘　（スマートグリッドユーザインタフェース）
同　澤　孝一郎　（回転機）
同　山田　慎　（電力用変圧器）
同　松村　年郎　（開閉装置）
同　河本　康太郎（産業用電気加熱）
同　合田　豊　（ヒューズ）
同　村岡　隆　（電力用コンデンサ）
同　石崎　義弘　（避雷器）
同　清水　敏久　（パワーエレクトロニクス）
同　廣瀬　圭一　（安定化電源）
同　田辺　茂　（送配電用パワーエレクトロニクス）
同　千葉　明　（可変速駆動システム）
同　森　治義　（無停電電源システム）
同　西林　寿治　（水車）
同　永田　修一　（海洋エネルギー変換器）
同　日髙　邦彦　（UHV 国際）
同　横山　明彦　（標準電圧）
同　坂本　雄吉　（架空送電線路）
同　日髙　邦彦　（絶縁協調）
同　高須　和彦　（がいし）
同　岡部　成光　（高電圧試験方法）

3号委員　腰塚　正　（短絡電流）
同　佐藤　育子　（活線作業用工具・設備）
同　境　武久　（高電圧直流送電システム）
同　山野　芳昭　（電気材料）
3号委員　石井　登　（古河電気工業）
同　渋谷　昇　（電磁両立性）
同　多氣　昌生　（人体ばく露に関する電界，磁界及び電磁界の評価方法）
同　竹中　章二　（電気エネルギー貯蔵システム）

電気学会 電気規格調査会標準規格
JEC-5201：2017　懸垂がいし

2017年9月25日　第1版第1刷発行

編　者　電気学会 電気規格調査会
発行者　田　中　久　喜

発 行 所
株式会社 電 気 書 院
ホームページ　www.denkishoin.co.jp
（振替口座　00190-5-18837）
〒101-0051　東京都千代田区神田神保町1-3ミヤタビル2F
電話（03）5259-9160／FAX（03）5259-9162

印刷　互恵印刷株式会社
Printed in Japan／ISBN978-4-485-98992-0

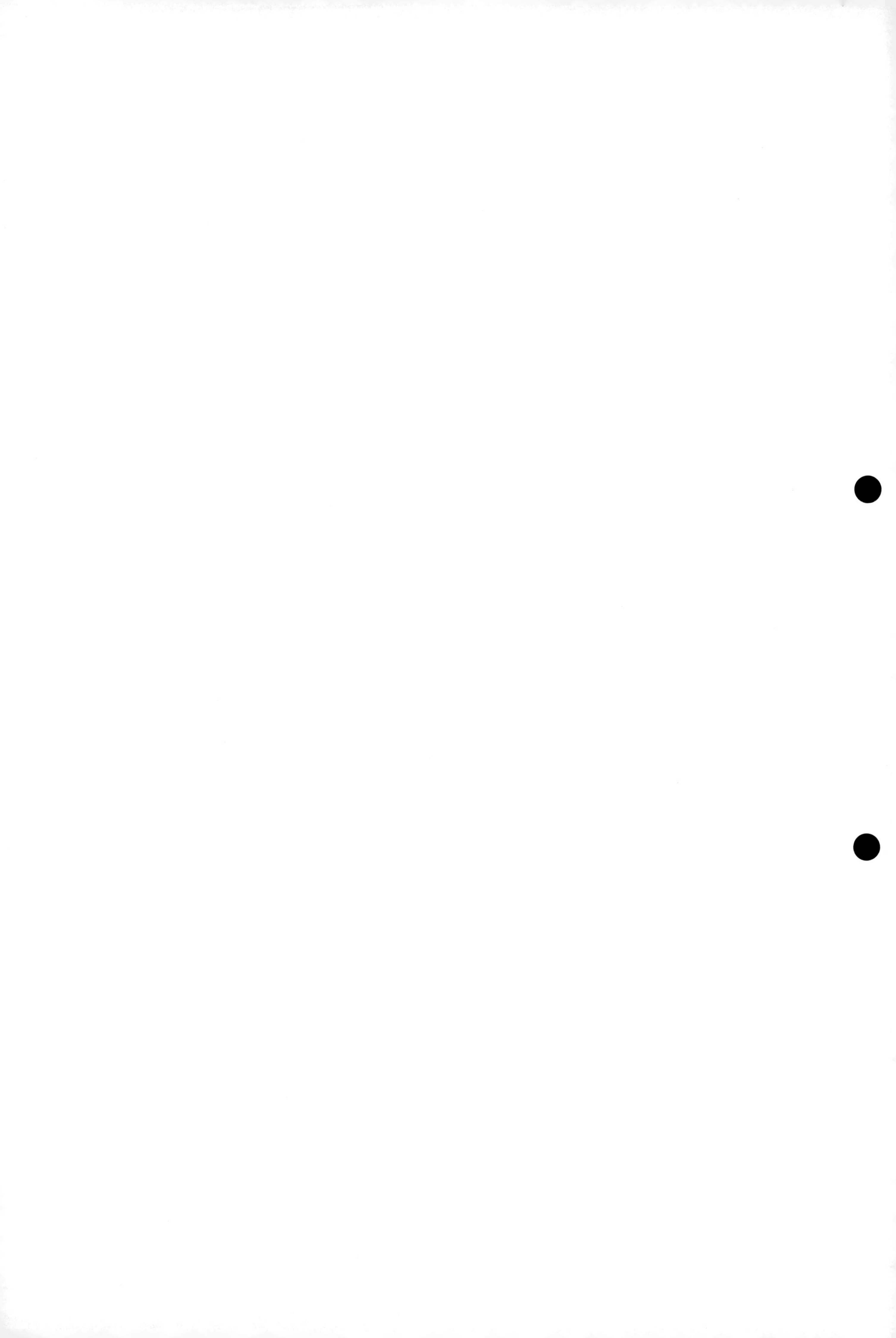

STANDARD

OF

THE JAPANESE ELECTROTECHNICAL COMMITTEE

JEC-5201:2017

Disc type suspension insulators

PUBLISHED
BY
DENKISHOIN

定　価＝ 本体4,900円 ＋税

ISBN978-4-485-98992-0 C3354 ¥4900E